SECONDE PARTIE DES NOVVEAVX FOVRNEAVX PHILOSOPHIQVES.

DANS LAQVELLE EST DESCRITE LA proprieté du second Fourneau, par le moyen duquel on peut distiller toutes sortes de volatils, subtils & combustibles, vegetaux, animaux & mineraux, par vne voye courte, iusqu'à present inconnuë, par laquelle il ne se perd rien du tout, retenant iusqu'aux esprits les plus subtils, ce qui ne se peut faire par les retortes, & autres vaisseaux.

Composée par IEAN RODOLPHE GLAVBER.

Et mise en François

Par LE SIEVR DV TEIL.

A PARIS,
Chez THOMAS IOLLY, Libraire Iuré, ruë S. Iacques, au coin de la ruë de la Parcheminerie, aux Armes de Hollande.

M. DC. LIX.

Auec Priuilege du Roy.

LA SECONDE PARTIE.

Des Fourneaux Philosophiques.

DE LA CONSTRVCTION du second Fourneau.

E vaisseau pour distiller doit estre fait de fer, ou de bonne terre, telle qui puisse soustenir la violence du feu, dequoy il sera parlé dans la cinquiesme Partie ; tu la peux faire aussi petite & aussi grande qu'il te plaira selon la quantité, celle de fer est fort propre pour s'en seruir pour les esprits qui ne sont pas fort rudes ny corrosifs, autrement ils corroderoient le vaisseau : Mais on se doit seruir de celle de terre pour telles choses, qui monstrent leur vertu sur le fer, & qui le font fondre comme le souphre, antimoine & semblables, c'est pourquoy il faut que tu ayes deux semblables vaisseaux, vn de fer, & vn de terre, pour seruir à ces deux sortes de matieres corrosiues & non corrosiues, il faut que tu ayes des vaisseaux & fourneaux pour leurs distillations, qui ne puissent estre gastez par des choses qui leur soient contraires.

Le vaisseau est monstré par la figure precedente. La partie plus basse est quelque peu plus ample que la partie superieure, & deux fois aussi haut que large, ayant en haut vn orifice auec certaine distinction de profondeur d'vn trauers doigt pour le moins, pour receuoir le couuercle ayant vne aureille, afin qu'auec la pincette il puisse estre osté & remis à ton gré, auec aussi vne espaule qui réponde à la distinction de la susdite partie inferieure. Il faut aussi que la partie inferieure ait trois épaules collaterales, desquelles elle s'appuye aux murailles du fourneau, qui doit estre des communes distillatoires auec vn couuercle, comme il se voit par la figure: & si tu ne veux pas auoir de Fourneau, tu n'auras pas besoin de ces trois épaules, pourueu que le vaisseau distillatoire soit plat dans le fond, ou qu'il ait des pieds dont le tuyau soit long de demy pied, plus estroit en la partie anterieure qu'en la posterieure, qu'il sorte d'aupres la susdite distinction, estant destiné à la distillation des esprits.

La maniere de distiller.

QVand tu voudras distiller, mets prémierement le feu dans le Fourneau, & faits rougir le vaisseau distillatoire, mais s'il n'est pas attaché au fourneau, mets le sur vne grille, & mets des pierres tout au tour, & des charbons entre deux, & le fais rougir, & mets du plomb fondu dans l'espace des deux bords, afin que le couuercle, quand il est mis dessus se ferme exactement, & que les esprits ne passent pas au trauers: ce fait prends vn peu de la matiere que tu desires distiller, & la iette dedans, & tout incontinent couure-la de son couuercle, & les esprits n'auront point d'autre passage qu'au trauers du canon, auquel il faut auoir appliqué vn grand recipient bien luté, & incontinent que la matiere commence à deuenir chaude, elle laisse aller son esprit, lequel sort dans le recipient: & d'autant qu'on a ietté peu de matiere dedans, elle n'a pas le pouuoir de forcer le lut, ny de rompre le recipient; mais il faut qu'elle se condense, ce fait iette encore vn peu de ta matiere, couure-la, & la laisse aller tant qu'elle soit condensée, continuant ledit procedé iusqu'à ce que tu ayes assez d'esprit; prends bien garde de ne ietter pas plus à la fois de matiere que le recipient est capable d'en contenir, autrement il romproit, & si le vaisseau est plein auparauant que la distillation soit finie, alors oste le couuercle, & auec vne cueillere de fer tire hors la teste morte, & recommence de ietter de la matiere comme deuant, mais peu à la fois, continuant cela tant qu'il te plaira.

Comme cela tu en distilleras plus en vn iour dans vn petit vaisseau, que tu ne sçaurois faire de l'autre façon auec vne grande retorte, & tu ne dois pas craindre de perdre la moindre chose des esprits subtils, ny de rompre le recipient par l'abondance des esprits. Tu peux aussi laisser ta distillation, & la commencer derechef quand il te plaist, n'y ayant point de danger que le feu ne soit trop violent, de façon qu'il puisse faire aucun dommage, & par ce moyen tu peux faire les esprits les plus subtils, ce qu'il est impossible de faire par aucune retorte. Mais si tu veux distiller vn esprit subtil par la retorte, comme le tartre, corne de cerf, sel armoniac, & semblables, tu ne le sçaurois faire sans perte, quoy qu'il ny eust que demie liure de matiere: car les esprits subtils sortant hors, s'efforcent de penetrer le lut s'il n'est bon, mais s'il est bon & qu'ils ne puissent passer au trauers, alors ils rompent le recipient, à cause qu'il est impossible qu'il puisse contenir vne si grande quantité d'esprits subtils à vne fois, car lors qu'ils viennent ils viennent en si grande abondance, & auec tant de violence, que le recipient ne les sçauroit contenir, & comme cela il faut par necessité qu'ils s'enfuyent, ou il faut qu'ils passent au trauers du lut, toutes lesquelles choses ne sont pas à craindre icy, à cause qu'on n'en iette qu'vn peu à la fois, dont il ne sçauroit venir vne si grande quantité d'esprits, pour pouuoir rõpre le recipient, & lors qu'il ne sort plus d'esprits & qu'ils sont condensez, alors il y faut ietter derechef de la matiere, continuant cela tant que tu ayes assez d'esprits. Apres oste le recipient, & mets l'esprit dans des verres dont il sera parlé au cinquiéme Liure parmy les choses manuelles, là où il sera gardé auec asseurance sans danger d'estre gasté ny euaporé.

De cette maniere toutes choses, vegetaux, animaux, ou mineraux, peuuent estre distillez par ce fourneau, & beaucoup mieux que par la retorte : particulierement les esprits subtils (ce qui ne sçauroit estre fait de l'autre façon de distillation, d'autant qu'ils passeroient au trauers du lut) sont sauuez par cette voye & sont beaucoup meilleurs que les huilles pesantes, qui sont communement prises pour esprits, & ne le sont point, estant seulement des eaux corrosiues. Car la nature & qualité de l'esprit est d'estre volatil, penetrant & subtil, & ceux-là qu'on vent chez les Apoticaires ne sont pas tels, comme sont les esprits de sel, vitriol, alun & nitre, n'estant que des huilles pesantes, lesquelles n'exhalent point de chaleur.

Car le veritable esprit propre pour l'vsage de la Medecine, doit venir plutost que le flegme, & non apres, d'autant que toute chose qui est plus pesante que le flegme, n'est pas vn esprit volatil, mais vn esprit pesant, ou pour le mieux nommer, vne huille pesante & acide : & il se voit par experience que l'esprit de vitriol des Apoticaires ne guerit pas l'epilepsie ou mal caduc, laquelle vertu est attribuée à cét esprit, &

à la verité tres iustement : car le vray esprit de vitriol acheue cette cure; semblablement leur esprit de tartre comme ils l'appellent, n'est pas vn esprit, mais vn flegme puant, ou vinaigre.

Ie veux à present monstrer la maniere de faire ces veritables esprits, d'autant que beaucoup de belles choses peuuent estre faites par leur moyen dans la Medecine. Cette façon de distiller sert à ceux qui cherchent de bonnes medecines : mais ceux qui ne se soucient pas si leurs medecines sont bien preparées ou non, n'ont pas besoin de prendre tant de peine que de bastir vn tel fourneau, ny de faire leurs esprits eux-mesmes, car en tout temps ils peuuent acheter à bon marché vne bonne quantité d'esprits morts & sans vertu chez les Apoticaires & autres qui en vendent.

C'est pourquoy il ne se faut pas estonner si en ce temps on voit faire si peu d'effet aux medicaments Chimiques, lesquels autrement sont preferables à tous les Galenistes en bonté & vertu. Mais les choses en sont venuës à present à ce point, qu'vn veritable Chimique, & honeste fils d'Hermes est presque forcé de rougir, lors qu'il entend parler les hommes des medecines Chimiques, à cause qu'elles ne font pas les miracles qu'on leur attribue, laquelle infamie ne procede que de la negligence des Medecins, quoy qu'ils se seruent des Medecines Chimiques, à cause qu'ils veulent estre en reputation de sçauoir plus que les autres : neantmoins ils ont plus de soin de leur cuisine que de la santé de leurs malades ; & comme cela ils achetent des mauuaises medecines mal preparées par de faux Chimiques, & les mettent en vsage indiscretement, parlà ils font plus de mal que de bien au malade, & mettent apres tout le blasme sur ce noble Art de la Chimie.

Mais vn Medecin industrieux & soigneux, ne sera pas honteux de faire ou preparer ses Medecines luy-mesme, s'il luy est possible, ou pour le moins prendre garde qu'elles soient preparées par vn bon & experimenté artiste, auec lesquelles il merite plus de loüange que ces ignorans qui ne sçauent rendre raison de ce qu'ils donnent aux malades.

Le moyen de faire l'huille acide & l'esprit volatil du vitriol.

CY-deuant i'ay dit comme il faut distiller en general, & tirer ces esprits subtils, il reste maintenant à descrire les choses manuelles qui seruent pour chaque operation en particulier, & premierement,

Du vitriol.

POur distiller le vitriol il n'est besoin d'autre preparation, mais seulement qu'il soit bien separé de ses impuretez, & s'il y a aucune salleté dedans, il faut qu'elle soit ostée soigneusement, autrement l'esprit en sera corrompu. Mais celuy qui voudra trauailler plus exactement, qu'il le dissolue en eau claire, qu'il le filtre, & euapore l'eau, tant qu'il apparoisse vne pellicule au dessus, puis le mets en vn lieu froid, tant qu'il se cristalise derechef en vitriol, & pour lors tu es asseuré qu'il n'y a point d'impureté meslée.

Or ton vaisseau estant rouge, iette dedans à vne fois vne ou deux onces de ton vitriol auec vne cueillere de fer, couure le, & tout incontinent les esprits meslez auec le flegme sortiront dans le recipient semblables à vne nuë blanche ou à vn broüillart, & estant passez & condensez, iette d'auantage de vitriol, continuant cõme cela tant que le vaisseau soit plein: alors oste le couuercle, & auec des pincettes ou vne cueillere de fer tire hors la teste morte, & en iette d'auantage dedans, & continuë comme cela tant qu'il te plaira, ostant tousiours la teste morte, lors que le vaisseau est plein, & iette d'auantage de matiere dedans, continuant tant que tu ayes assez d'esprits. Alors tire hors le feu, & laisse refroidir le fourneau; oste le recipient, & mets ce qui est dedans dans vne retorte, & mets la retorte sur le sable, & par vn feu doux distille l'esprit volatil hors de l'huille pesante, ayant auparauant ioint vn recipiẽt à la retorte, estant bien luté, afin qu'il soit capable de retenir des esprits si subtils. La façon duquel sera monstrée dans la cinquiesme Partie de ce Liure parmy les choses manuelles.

Tout l'esprit volatil estant sorty, ce que tu connoistras lors qu'il tombera des gouttes plus grosses, alors oste le recipient, & le bouche bien auec de la cire, crainte que l'esprit ne s'en aille, alors aplique vn autre recipient sans lut, & reçois le flegme aussi à part, & il restera dans la retorte vne huille noire, pesante & corrosiue, laquelle tu peux rectifier si bon te semble, en luy donnant vn violent feu, sinon laisse refroidir le tout, & tire hors la retorte auec l'huille noire, & verse dessus l'esprit volatil, qui est sorty le premier en la rectification, mets la retorte dans le sable, & y applique vn recipient, & luy donne feu doux, & l'esprit volatil sortira tout seul, laissant le flegme auec l'huille, laquelle le retient aisement à cause de sa seicheresse : de cette façon l'esprit estant affranchy de tout son flegme, il deuient aussi ardent que le feu, & n'est pas corrosif. Si cet esprit n'est point rectifié par sa propre huille il ne sera pas bon : mais il se precipite en vne poudre rouge lors qu'il a demeuré quelque espace de temps, & l'esprit pert toute sa vertu, de telle façon qu'il deuient semblable à l'eau commune, ce qui n'arriue pas lors que l'esprit est rectifié. La cause de cette precipitation n'est autre que la foiblesse de l'esprit, qui est accompagné de trop d'eau, & par là il n'est pas assez fort pour garder son souphre, mais il faut qu'il le laisse abbattre, lors qu'il est rectifié auec son propre huille, il peut aisement retenir son souphre, d'autant qu'il est deliuré de son humidité superfluë. Quoy qu'il en soit la poudre ne doit pas estre iettee, mais doit estre gardée soigneusement, d'autant qu'elle n'a pas moins de vertu que son esprit, & ce n'est autre chose que le souphre volatil du vitriol, il a de grandes vertus, dont nous ferons mention de quelques-vnes.

L'vsage & dose du souphre Narcotique du vitriol.

LA dose de ce souphre est depuis 1. 2. 3. 4. grains ou d'auantage, selon la condition du malade, estant donné à vne fois appaise toutes douleurs, prouoque vn prompt sommeil: non comme l'opium ou iusquiame, & autres semblables medecines, qui causent le sommeil par estourdissement, mais il fait son operation fort doucement sans aucun danger du tout, & de grandes maladies peuuent estre gueries par ce moyen. Paracelse l'a eu en grand' estime, comme tu peux voir, quand il escrit du souphre embrionné.

La vertu & l'vsage de l'Esprit volatil du vitriol.

CEt esprit soulphreux & volatil de vitriol, c'est d'vne qualité subtile & penetrante, & de tres grande vertu & operation; car si on en prend quelques gouttes pour faire suer, il penetre tout le corps, ouvre les obstructions, consume les mauuaises humeurs, comme si c'estoit vn feu. C'est vne excellente medecine pour l'epilepsie, pour la folie ou rage appellee manie, pour la suffocation de matrice, pour le scorbut, & pour cette autre espece de folie appellee melancholie hypocondriaque, & autres maladies qui procedent des obstructions & corruption du sang ; il est aussi bon contre la peste & autres fievres, meslé auec esprit de vin, en vsant tous les iours, il fait des merueilles en tous les accidens externes : comme aussi en l'apoplexie, contraction & autres maladies des nerfs, les membres affligez en estant frottez, il penetre la moëlle mesme dans les os, il eschauffe & rafraischit les nerfs refroidis & durcis, il guerit la colique tout incontinent, si outre l'vsage interne, on en met vn peu dans vn clistere, exterieurement appliqué il allege la douleur de la goutte si on en oint la partie affectée, & osté toutes tumeurs & inflamations : il guerit la galle, dartres & erisipeles, pardessus toute autre medecine, il guerit les playes nouuelles & vieilles, comme fistules, cancers, loups &c. il esteint toutes inflamations, bruslure, la gangrene, dissipe & consume les nodus & excressences qui sont sur la peau. En vn mot cét esprit, que les sages anciens appelloient le *soulphre des Philosophes*, fait effet generalement en toutes maladies, & ses vertus ne sçauroient estre suffisamment prisées ny exprimées : c'est vne chose estrange qu'vne si excellente medecine se trouue auiourd'huy si rarement.

S'il est meslé auec de l'eau de fontaine, il luy donne vne aigreur agreable, son goust & sa vertu est semblable.

Comme aussi par cét esprit beaucoup de maladies peuuent estre gueries dans la maison ; de sorte qu'il n'est pas necessaire d'aller chercher des bains fort éloignez. Ie pourrois icy monstrer vne façon pour faire cét esprit en abondance pour l'vsage des bains, sans le distiller, par le moyen duquel on peut faire des choses miraculeuses, mais à cause de l'ingratitude des hommes, il sera reserué pour vn autre lieu.

La vertu & vsage de l'huille corrosiue de vitriol.

CEtte huille n'est pas beaucoup en vsage dans la medecine, quoy qu'elle se trouue presque dans toutes les boutiques d'Apotiquaires, qui s'en seruent pour donner vn goust acide à leurs syrops & conserues: on la peut aussi mesler auec eau de fontaine, & la donner aux maladies chaudes, elle esteint la soif contre nature, & rafraischit les entrailles. Appliquée exterieurement, elle nettoye les vlceres & playes immondes, separant le pur de l'impur, & fait vn bon fondement pour la cure.

Comme aussi si elle est premierement rectifiee, elle dissout quelques metaux, & les reduit en leurs vitriols, particulierement Mars & Venus, mais il y faut ioindre de l'eau commune, autrement elle ne trauailleroit sur eux qu'auec difficulté, la façon de le faire est celle-cy.

Le vitriol de Mars & de Venus.

PRends de l'huille de vitriol pesante auec son flegme, mais que l'esprit volatil en ait esté tiré auparauant, autant qu'il te plaira, mets la dans vn verre auec des lames de cuiure ou de fer, mets le sur le sable chaud, laisse les boüillir iusqu'a ce que l'huille ne dissolue plus du metal; alors verse la liqueur, & la filtre par le papier brun, & la mets dans vne cucurbite de verre qui soit basse, sur le sable, & laisse euaporer le flegme tant qu'il paroisse dessus vne pellicule, alors laisse esteindre le feu, & quand le vaisseau sera froid, mets le dedans vne caue ou autre lieu froid, & dans quelques iours tu auras de beaux cristaux verds du fer, & verdastres du cuiure, & quelquefois bleuastres, tire les hors & les seiche sur du papier brun, & la liqueur qui reste qui ne s'est pas tournée en vitriol, il l'a faut mettre derechef sur le sable, & euaporer, reïterant ledit procedé tant que toute la dissolution ou liqueur filtrée soit tournée en vitriol. Ce vitriol est meilleur, & plus pur que le commun; car il rend vn meilleur esprit volatil, & à cause de cela i'ay escrit la façon de le faire, il se fait aussi vn tres bon vitriol de ces deux metaux par le moyen du soulphre commun: mais parce que la façon de le faire est plus ennuyeuse que la precedente, ie croy qu'il seroit inutile de descrire sa preparation en cét endroit.

La façon de faire vn vitriol bleu de l'argent.

DIssouts la limaille d'argent auec de l'huille de vitriol rectifié, y ioignant de l'eau, mais non pas tant comme au fer & au cuiure: ou bien ce qui est meilleur, dissous de la chaux d'argent qui a esté precipitée de l'eau forte, auec du cuiure ou eau salée, la solution estant finie, verse la & la filtre, & fais degoutter dessus de l'esprit d'vrine ou de sel armoniac, si long-temps qu'il boüillira, & presque tout l'argent se precipitera derechef hors de l'huille, & tombera en poudre blanche au fonds, mets l'argent precipité & la liqueur ensemble dans vn matras de verre, & le fais boüillir sur le sable par vingt-quatre heures, & la liqueur dissoudra derechef presque toute la chaux d'argent precipitée, & deuiendra par ce moyen bleuë : alors verse la dissolution ou liqueur, & la filtre par le papier brun, & en tire l'humidité tant que la pellicule paroisse au dessus, puis la mets en lieu froid pour se reduire en cristaux, & de la liqueur qui reste fais comme tu as fait en la preparation du susdit vitriol de fer & de cuiure.

Par ce moyen tu auras vn excellent vitriol d'argent, duquel l'vsage est depuis 4. 5. 6. iusques à 10. grains tout seul, & sera vn bon purgatif, particulierement pour les maladies du cerueau.

Si tu en as vne bonne quantité, que tu en puisses distiller l'esprit, tu n'auras pas seulement vn esprit acide, mais aussi vn esprit volatil, lequel est tres excellent pour les infirmitez du cerueau : ce qui reste de la distillation peut estre derechef reduit en corps, de façon que tu ne perds rien de l'argent, si ce n'est ce qui s'est tourné en esprit.

De plus, cette huille acide de vitriol commun,

precipite tous les metaux & pierres des bestes & poissons : comme aussi les perles & coraux, estant premierement dissouts auec l'esprit de sel ou de nitre, & en fait vne belle & legere poudre, laquelle est appellee par les Apoticaires Magistere, & plus belle que celle qui est faite par la precipitation du sel de tartre, particulierement celle de perles & coraux, comme aussi de la mere des perles, & des coquilles, & leur donne vne aussi belle couleur que si c'estoit des perles Orientales : ce qui n'a esté connu que de fort peu, qui l'ont gardé comme vn grand secret. Ces magisteres ont esté cõmunement precipitez hors du vinaigre distillé par le sel de tartre, lesquels n'estoient pas à esgaler aux nostres pour la legereté, blancheur & autres qualitez : mais si au lieu d'huille de vitriol tu prends de l'huille de soulphre, les poudres susdites seront plus belles que celles qui sont faites par l'huille de vitriol, de telle façon qu'elles peuuent seruir pour blanchir le visage ou peau noire.

Ayant fait mention des magisteres, ie ne sçaurois m'empescher de descouurir le grand abus & erreur qui se commet en leur preparation.

Paracelse dans ses archidoxes enseigne à faire des magisteres qu'il appelle extrait de magisteres : mais quelques-vns de ses disciples enseignent à faire des magisteres precipitez, qui sont tous differens des autres. Paracelse est ouuertement d'vne autre opinion en la preparation de ses magisteres, que les autres ne sont en la preparation des leurs : sans doute les magisteres de Paracelse estoient bonnes & cordiales medecines, là où les autres ne sont que des carcasses mortes, & quoy qu'elles soient belles, blanches & luisantes, neantmoins dans les effects elles font voir que ce n'est qu'vne terre & grosse substance destituee de toute vertu.

Ie ne nie point qu'on ne puisse extraire de bonnes medecines des perles & des coraux, car moy mesme i'en fais la description de quelques-vnes: mais non pas de leur façon, car qu'elle bonté ou exaltation peut-on esperer de telles preparations, où vne matiere pierreuse est dissoute par des eaux corrosiues, & precipitees derechef en pierres? Ses vertus peuuent elles estre augmentées par là? Non certainement, car on sçait fort bien que les esprits corrosifs ne bruslent pas moins que le feu certaines choses; car toutes ne sont pas meliorées par le feu ny par les corrosifs, au contraire la pluspart en sont gastées. Peut-estre quelqu'vn dira, que telles preparations de magisteres ne sont à autre fin que pour les reduire en fine poudre, afin qu'elles operent plus promptement, à quoy ie responds, que les perles, les coraux, & autres de cette nature, s'ils sont vne fois dissouts par des eaux corrosiues, puis precipitez & edulcorez, ils ne peuuent iamais ou bien difficilement estre derechef dissouts par des esprits acides. C'est pourquoy il est euident qu'ils ne sçauroient estre ouuerts & meliorez par telles preparations, mais au contraire durcis & rendus plus mauuais, & nous voyons aussi iournellement par experience, que ces magisteres ne font pas les effets qu'on leur attribuë. Par où il apparoist clairement qu'ils

sont

sont plus mal receus par l'Arché de l'estomac que les perles & coraux cruds : desquels l'essence subtile n'estant pas bruslée par les corrosifs, produit souuentesfois de bons effets. Car nos ancestres ont attribué aux perles & aux coraux le pouuoir de purifier le sang impur & corrompu dans tout le corps, ils chassent la melancholie & tristesse, confortant le cœur de l'homme & le rendant ioyeux, ce qu'ils font efficacement & non les magisteres. C'est pourquoy les perles, les coraux & autres pierres de poissons qui ne sont pas preparez font plus d'effect, que ces magisteres bruslez. Car il est manifestement connu, que les susdites maladies pour la pluspart procedent des obstructions de la rate, lesquelles obstructions ne sont autre chose qu'vn ius tartareux ou vn flegme aigre, qui a remply & possedé les entrailles, se coagulant luy-mesme dedans; par lesquelles obstructions est causée la douleur de teste, le vertige, la palpitation de cœur, tremblement des membres, vne grande lassitude, vomissements, faim, froid & chaud contre nature, & beaucoup d'autres symptomes extraordinaires : comme aussi vne grande corruption dans toute la masse du sang, d'où procede la lepre, le scorbut, la galle &c.

La cause de tout cela ne prouient (comme nous auons dit) que d'vn tartre crud & acide, d'où sortent quantité de grandes maladies.

La verité de cela est aisement prouuée : car il est notoire que les personnes melancholiques, hypocondriaques & autres, iettent souuent vne grande quantité d'humeurs acides, qui sont plus aigres que le vinaigre, & agaſſent les dents de meſme que ſi on auoit mangé des grappes de verjus.

Mais quel remede ? oſte la cauſe, & la maladie ceſſera, ſi tu pouuois oſter ces humeurs peccantes par la purgation, cela ſeroit bien; mais elles demeurent obſtinees & n'y veulent pas obeïr : Par le vomiſſement la maladie peut eſtre diminuée en quelque façon : mais parce que chacun n'approuue pas le vomiſſement, ce n'eſt donc pas ſageſſe de changer le mal en pis. Ce tartre doit il donc eſtre tué & deſtruit par ſes contraires ? ce qui ſe pourroit à la verité faire en quelque façon par les vegetaux ou animaux, la vertu deſquels conſiſte en vn ſel volatil, tels que ſont toutes eſpices ou ſortes de creſſon, graine de mouſtarde, raue ſauuage, coquilles : comme auſſi l'eſprit de tartre, de la corne de cerf, de l'vrine & ſemblables, leſquels à cauſe de leur faculté penetrante paſſent au trauers de tout le corps, trouuant le tartre, le deſtruiſent, comme luy eſtant contraires, & en ce combat deux natures contraires ſont tuées par vne grande chaleur bruſlante, par où tout le corps eſt vrayement eſchauffé & porté à la ſueur; de telle façon que la ſueur eſtant cauſée par ces contraires, il y a touſiours quelque peu de ce mauuais tartre qui eſt mortifié. Mais d'autant que cette humeur acide ne peut eſtre mortifiee & edulcotée par des eſprits volatils contraires qu'vn peu à la fois, il eſt requis d'en vſer ſouuent, pour tuer & deſtruire tout le tartre : & d'autant, comme il a eſté dit, que touſiours cela cauſe vne forte ſueur par chacune de ſes operations, les eſprits naturels ſont affoiblis, de telle façon que le malade ne le peut pas ſupporter plus long-temps, mais en oſtant vne mauuaiſe humeur, il en vient vne plus grande. C'eſt pourquoy ces choſes doiuent eſtre données à ces humeurs acides & fameliques, par leſquelles la nature corroſiue peut eſtre mortifiee & adoucie, mais touſiours auec cette precaution que ces choſes ne ſoient pas contraires ny nuiſibles à la nature de l'homme, mais agreables & amies, comme ſont les coraux, perles, & yeux de cancres, &c. Car entre toutes les pierres il n'y en a pas de plus aisées à diſſoudre que les perles, les coraux, les yeux de cancres, & autres pierres de poiſſons.

La verité eſt telle, que les corroſifs ſont mortifiez par les perles & par les coraux : or que le tartre coagulé & acide, puiſſe par le moyen des perles & des coraux eſtre reduit en vne liqueur douce & plaiſante medecine agreable à la nature humaine, ſans pouuoir iamais plus eſtre coagulé en aucune façon, il ſera cy apres demonſtré lors que ie traitteray du tartre.

Dans les obſtructions & coagulations tartareuſes & internes, qui procedent d'vne abondance d'humeur acide, il n'y a point de meilleur remede que de donner au malade tous les matins à ieun, depuis demy ſcrupule iuſques à vne dragme, plus ou moins ſelon la condition, du corail ou des perles en fine poudre, & le faire ieuſner deux ou trois heures, continuant comme cela tous les iours tant qu'il ſe porte bien : Par ce moyen l'humeur maligne & acide eſt mortifiee

& adoucie par les coraux & par les perles, de telle façon qu'elle sera surmontee par la nature, les obstructions estant ouuertes, & le corps affranchy de maladie.

Ie ne sçaurois tenir cachée mon opinion concernant l'abus des magisteres, & du bon vsage des coraux; quoy que ie connoisse pour certain qu'elle ne sera receuë que de peu de gens: quoy qu'il en soit, par hazard il s'en trouuera quelques-vns qui auront la volonté de chercher la verité, & de considerer plus auant; mais celuy qui ne le croit pas, ou qui ne le comprend pas, il s'en peut tenir à ses magisteres.

Que s'il te semble si estrange que les coraux & les perles en poudre soient digerez & cuits dans l'estomac, & comme cela fassent voir leur vertu, qu'est-ce que tu diras donc, si ie prouue que toute la perle, yeux de cancres & coraux, estant auallez sont entierement consumez par l'humeur melancolique, de telle façon que rien ne sort dans les excrements? & ce qui est plus, qu'on peut dire le mesme de ces metaux rudes, comme le fer & le zein: mais cecy doit estre seulement entendu pour ceux qui sont d'vne constitution melancolique, & non pas des autres qui sont sanguins, & ceux qui sont d'vne constitution flegmatique, ausquels telles choses sont rarement prescrites; car i'ay veu souuent, que contre les obstructions des corps robustes, on a donné en vne fois de la limaille de fer, depuis demy scrupule iusques à vne dragme, à des malades qui s'en sont fort bien trouuez, & mieux que par le moyen de ces medecines cheres des Apoticaires, desquelles ils s'estoient seruis de beaucoup auparauant, mais sans effet, & par là leurs excremens sortoient noirs, iustement comme font ceux qui vsent de ces eaux acides medecinales, lesquelles passent au trauers des mines de fer, & par là apportent vne vertu spirituelle & minerale.

Que si cette limaille de fer n'eust pas esté consumée dans l'estomac, d'où vient que les excrements sont noirs? il est donc suffisamment prouué, qu'vn metal rude sans preparation est consumé dans l'estomac, car cela est vray: pourquoy donc non pas les perles & les coraux qui sont aisez à dissoudre?

Ce qui se peut aussi voir par l'exemple des enfans qui sont tourmentez des vers, si on leur donne depuis 4. 6. 8. iusques à 12. ou 16. grains de limaille d'acier ou de fer, elle tuë tous les vers, euacuë l'estomac & les intestins, estant bien nettoyez leurs excrements sont noirs. Mais cecy ne doit estre obserué aux enfãs, que lors que les vers sont tuez, & qu'ils restent dans le repos, à cause que la limaille de fer estant donnée en petite quantité, n'a pas la force de les ietter hors, il leur faut apres donner vne purgation pour les faire sortir, car autrement s'ils restoient dans le corps, il s'en engendreroient d'autres de leur substance: Mais à ceux qui sont plus auancez en aage, il faut augmenter la dose, comme depuis vn scrupule iusques à vne dragme, afin que les vers soient iettez hors, & quoy qu'il arriue quelquesfois des vomissements, ils ne font point de mal, mais les enfans en sont plus gaillards : Et de cette façon on se peut seruir du fer, non seulement contre les vers, mais aussi contre les fievres stomachiques, douleurs de teste, & obstructions de tout le corps, sans aucun danger & auec grand succez, comme estant vne medecine agreable à la nature: car elle attire par vn pouuoir magnetique toutes les mauuaises humeurs du corps, & les entraisne auec elle. De ces grandes & extraordinaires vertus, il en est traicté plus au long dans mon Traitté de la sympathie & antipathie des choses. Dont quelques Medecins s'estant apperceus, ils ont crû que par l'art ils la pourroient rendre meilleure, & ils l'ont gastée, en luy ostant toute sa vertu : car ils prennent des pieces d'acier, & les font rougir & pressent contre vne piece de soulphre commun, par ou l'acier coule goute à goute dans vn vaisseau plein d'eau ; alors ils le tirent hors, & le seichent, & mettent en poudre, & s'en seruent contre les obstructions, mais il ne fait aucun effet ; car le feu estant alteré par le soulphre & reduit en vne substance soluble, ce qui ne doit pas estre, il ne peut faire aucune operation considerable : mais s'ils auoient rendu l'acier plus soluble (au lieu qu'ils luy ostent sa solubilité) qu'il n'estoit de luy mesme auparauant, alors ils auroient fait vn bon trauail ; car celuy qui connoist le soulphre, sçait assez qu'il ne peut estre dissout par aucune eau forte ny eau royale, comme quoy peut-il donc estre consumé par vne humeur animale ?

Nous auons donc assez prouué qu'il y a des hommes d'vne constitution melancholique qui ont vne humeur acide, laquelle peut suffisamment dissoudre tous les metaux & pierres aisées à dissoudre : c'est pourquoy il n'est pas necessaire de tourmenter & dissoudre les perles, coraux & semblables auec des eaux corrosiues, auant que les donner au malade : car l'Archée de l'estomac est assez fort pour consumer ces choses aisées à dissoudre par le moyen des susdites humeurs, & prendre ce qui luy est necessaire, & ietter le reste.

Or mon opinion n'est pas qu'il faille entendre cecy pour toute sorte de metaux & de pierres ; car ie connois fort bien, que les autres metaux & les autres pierres, quelques-vnes estant exceptées, auant qu'ils soient duëment preparés, ne sont pas propres pour la medecine, & qu'il les faut premierement preparer auant que les donner au malade.

Ie n'ay fait cette relation que pour faire voir que quelquesfois les choses bonnes sont plutost renduës mauuaises par les ignorans, qu'elles ne sont corrigées.

I'espere que mon admonition ne sera pas prise en mauuaise part, à cause que ie ne le fais pas par vaine gloire, mais seulement pour le bien de mon prochain, à present reuenons au vitriol.

L'huille douce de vitriol.

LEs anciens ont fait mention d'vne huille douce du vitriol, qui guerit l'epilepsie ou mal caduc, tue les vers, & outre cela à beaucoup d'autres bonnes qualitez & vertus : & cette huille doit estre distillée par descension. Pour venir à la perfection de faire cette huille, les Medecins modernes ont pris beaucoup de peine, mais en vain : d'autant qu'ils n'ont pas entendu l'intention des anciens pour la preparation de cette huille, voulant la tirer par la force du feu, & se seruant de distillations violentes, ils n'ont tiré qu'vne huille tres acide & corrosiue, laquelle n'est pas à comparer à l'autre, en son goust efficace & vertu.

Ils attribuent les mesmes vertus, quoy que faussement, à leur huille, que les anciens attribuent à la leur selon la verité, mais l'experience iournaliere nous fait voir, que l'huille de vitriol qui se trouue ordinairement, ne guerit point le haut mal, & ne tue pas les vers ; ce que la susdite huille fait promptement, d'où on peut voir que l'huille commune n'est en rien semblable à cette veritable medecine de l'huille de vitriol.

Ie confesse à la verité, que par la descension & par la violence du feu, on peut tirer huille verdastre, laquelle n'est pas meilleure que l'autre, d'autant qu'elle est aussi acide au goust, & d'vne qualité aussi corrosiue que si elle auoit esté distillee par la retorte.

Ceux qui ont inuenté cette huille, comme Paracelse, Basile, & quelques autres, l'ont grandement estimée, & l'ont cõptée pour la quatriéme principale colomne de la Medecine, & Paracelse dit particulierement dans ses Escrits, que sa verdeur ne luy doit pas estre ostée, ce que bien peu de chaleur fait par le feu, car dit-il, si elle est priuee de sa verdeur, elle est aussi priuée de son efficace & de sa douceur, par ou on peut suffisamment voir, que cette huille douce ne doit pas estre faite par la force ou violence du feu.

Il est mesme fort vraysemblable que les anciens qui ont si hautement estimé l'huille de vitriol, n'ont peut estre pas connu cette façon de distillation dont nous vsons auiourd'huy, car ils n'ont fait que suiure simplement la nature, n'ayant pas tant de subtilles & curieuses inuentions de distiller que nous auons.

Quoy qu'il en soit, il est certain que cette huille douce & verte de vitriol ne peut estre faite par la force du feu, mais plutost par purification, par vne voye particuliere : car les anciens ont souuentesfois entendu parler de purification, en parlant de distillation, comme il est euident quand ils disent, distille au trauers d'vn filtre, ou au trauers d'vn papier: ce que nous ne comptons pas au rang des distillations, mais eux ils le faisoient.

Laissant cela à part, il est tres veritable & asseuré qu'vn grand thresor de santé est caché dans le vitriol, non pas dans le commun, comme il se trouue par tout, lequel a desia souffert la chaleur du feu: mais dans le naturel comme il se trouue dans la terre & dans sa mine: Car incontinent qu'il vient à la clarté du iour, il peut estre priué par la chaleur du soleil de son subtil & penetrant Esprit, & parce moyen n'auoir plus de vertu, lequel esprit si on le tire par le moyen de l'art à vne senteur plus agreable que l'ambre & que le musc. Ce qui est admirable de voir que dans vn si mesprisable mineral ou grosse substance, comme les ignorans la croyent, il s'y trouue vne si excellente medecine. Et quoy que la preparation ne deust pas estre mise en cét endroit, ie l'y mettray pourtant en faueur des malades abandonnez.

Car si elle est bien preparée, elle guerit parfaitement l'epilepsie des ieunes & des vieux, elle tue incontinent tous les vers qui sont dehors & dedans le corps, comme les anciens l'ont tesmoigné auec verité, elle guerit encore beaucoup de maladies qu'on iuge incurables, comme la peste, la pleuresie, toute sorte de fievres, de quelle façon qu'on les nomme, douleur de teste, colique, suffocation de matrice, toutes les obstructions du corps, principalement de la rate & du foye, d'où naist la melancolie hypocondriaque, le scorbut, &c. elle purifie aussi le sang: de la corruption duquel s'engendre la verole, la lepre & semblables maladies, elle guerit aussi doucement & auec admiration tous les maux externes, & vlceres puants qui se sont tournez en fistules par tout le corps, de quelle cause qu'ils puissent proceder, non seulement exterieurement, mais encore par le dedans.

Toutes ces maladies & autres, desquelles il n'est pas besoin de faire mention icy, peuuent estre parfaitement gueries par cette huille: particulierement si on la porte à la rougeur, sans perte de sa douceur & bonne odeur, car pour lors elle fera plus que les hommes n'en sçauroient escrire, & on la peut fort bien garder pour vne panacée en toutes maladies.

La preparation de l'huille douce de vitriol.

COmmunement dans toutes les terres grasses, boüeuses , principalement dans la blanche, il se trouue de certaines pierres de forme ronde ou ouale, de la grosseur d'vn œuf de pigeon ou de poule , & aussi de plus petites, comme la iointure d'vn doigt, noires par dehors, lesquelles par consequent ne sont pas estimées si elles sont nettoyées de la terre, & coupées en pieces : elles sont au dedans d'vn beau iaune, semblables à vne marcassite, ou riche mine d'or : sans autre goust que d'vne pierre ordinaire, & quoy qu'elles soient mises en poudre, & boüillies vn long-temps dans l'eau, elles ne s'alterent point du tout, & l'eau n'attire aucune couleur ny goust, que celuy qu'elle auoit auparauant, quand elle a esté versee sur la pierre. Ces pierres ne sont autre chose, que la meilleure & plus pure miniere de vitriol, ou semence des metaux, car la nature les a formees rondes, comme la semence des vegetaux, de laquelle on peut faire vne excellente medecine comme s'ensuit.

Prends cette mine & la mets en pieces, & par l'espace de quelque temps, l'expose à l'air froid, & dans vingt ou trente iours, par vne vertu magnetique , elle fera attraction de l'air d'vne certaine humidité salee , qui l'augmentera en poids, & à la fin se tournera en poudre noire, laquelle tu laisseras là tant qu'elle deuienne blanchastre, & que son goust soit doux, cóme celuy du vitriol, en suite tu verseras de l'eau de pluye de la hauteur d'vn ou 2. trauers doigts : remuë la souuentefois tous les iours, & dans peu de iours l'eau sera coloree & verte, laquelle tu verseras, & remettras d'autre eau de pluye dessus, & fais comme deuant, la remuant souuent tant qu'elle soit verte, reïtere ce trauail tant que l'eau que tu verseras dessus ne se teigne plus. Alors filtre l'eau teinte par le papier, puis la fais euaporer dans vn vaisseau de verre coupé bas, tant que la peau paroisse dessus, alors mets le dans vn lieu froid, & il se fera des petites pierres vertes, qui ne sont autre chose qu'vn pur vitriol : cette euaporation & cristalisation doit estre reïterée tant qu'il ne paroisse plus de vitriol : mais que dans les lieux chauds & froids il reste vn ius ou liqueur espoisse, verte, plaisante & douce ; ce qui est la veritable huille douce & verte de vitriol, qui a toutes les vertus susdites.

Or ce n'est pas icy le lieu d'enseigner comment elle est reduite sans feu apres l'apparition de diuerses couleurs en vne huille douce, plaisante & rouge comme sang, laquelle surpasse autant la verte en douceur & en vertu, qu'vn raisin surpasse vne grappe de verjus : ce qui sera peut estre dit en quelque autre lieu, c'est pourquoy ie desire que le Lecteur se contente pour le present de l'huille verte, & sans doute il fera plus d'effet, & acquerra plus de reputation par son moyen que par l'huille pesante de vitriol.

L'vsage & dose de l'huille douce de vitriol.

ON peut prendre de cette huille verte depuis 1. 2. 4. 8. iusqu'à 10. ou 12. gouttes à la fois, selon la condition du malade & de la maladie dans des vehicules propres, le matin à ieun, dans du vin, ou de la biere, cõme on a accoustumé de faire aux autres Medecines: la dose peut aussi estre augmentée & diminuée, & si souuent reiterée que la maladie le requerra.

Cette huille destruit toutes les mauuaises humeurs, non seulement par les selles & vomissements, mais aussi par les vrines & sueurs, selon la rencontre des humeurs superfluës: elle opere fort doucement & sans aucun danger, dont beaucoup de maladies sont radicalement & parfaitement gueries.

Que personne ne s'estonne si i'attribuë de si grandes vertus à cette huille, estant tirée d'vne pierre si abjecte & mesprisée, à la preparation de laquelle il ne faut pas grande industrie ny peine, comme en ces autres procedez trompeurs, qui remplissent de grands Volumes. Ce n'est pas merueille que les hommes ayment ces procedez faux & de grande despense, car la pluspart ne croyent pas qu'il y puisse auoir quelque chose de bon dans les choses viles: mais ils font grand estat de celles qui sont cheres, portees de loin, ausquelles il faut prendre beaucoup de peine, & demeurer vn long-temps à leur preparation.

Tels hommes ne croyent pas la Parole de Dieu, qui certifie, que Dieu ne fait point difference des personnes, mais que tous les hommes qui l'ayment & le craignent luy sont agreables. Si cela est vray, ce que tout bon Chrestien ne mettra pas en doute, il nous faut aussi croire que Dieu a creé la Medecine ou la matiere de la Medecine aussi bien pour les pauures que pour les riches Si elle est donc aussi pour les pauures, il faut certainement qu'il y ait des choses de cette condition, afin qu'ils la puissent obtenir, & aussi aisement preparer pour eux. De sorte que nous voyons que Dieu Tout-puissant ne fait pas seulement croistre dans les terres des riches les bons vegetaux, les animaux & les mineraux pour la guerison des infirmitez de l'homme, mais aussi en tous lieux; par où nous connoissons que la volonté de Dieu est qu'il soit connu de tous les hommes. Et c'est pour cela que l'Autheur de toute bonté doit estre prisé & magnifié de tous les hommes.

Ie ne doute pas qu'il ne se trouue des gens qui declameront, & mespriseront vn suiet si peu consideré, comme si on n'en pouuoit tirer rien de bon, à cause qu'ils ne trouuent rien en eux-mesmes, mais qu'ils sçachent que toutes choses n'ont pas esté descouuertes ny à eux ny à moy, & qu'il y a de grands trauaux de la nature qui nous sont cachez : de plus ie ne suis pas le premier qui a escrit du vitriol, & de sa Medecine, car les anciens ont tousiours eu le vitriol en grande estime, comme les paroles suiuantes le font voir.

Visitabis interiora Terræ Rectificando
Inuenies occultum lapidem veram Medicinam.

C'est à dire, tu visiteras l'interieur de la terre, & en rectifiant tu trouueras la pierre cachée, qui est la veritable Medecine. Par où ils nous veulent faire entendre qu'on en peut tirer vne vraye Medecine, & cela a esté aussi connu par les derniers Philosophes ; car Basile & Paracelse l'ont tousiours hautement recõmandé, comme il se voit par leurs escrits.

Cela est admirable, que cette mine ou semence metallique, qui peut iustement estre appellee l'or des Medecins, eu esgard à l'excellente medecine qu'on en peut tirer, n'est nullement changee ny alteree dans la terre, comme les autres choses qui y croissent, mais conserue tousiours sa forme, iusqu'à ce qu'elle vienne à l'air, qui est sa terre ou lieu où elle croist & se putrefie : car premierement elle s'enfle & croist de mesme que la semence des vegetaux fait dans la terre : prenant sa nourriture de l'air, de mesme que la semence d'vne herbe dans la terre, & l'air n'est pas seulement sa matrice où elle s'engendre, & croist comme le vegetable, mais il est aussi son Soleil qui la fait mourir, car dans quatre semaines au plus elle se putrefie & deuient noire, & enuiron quinze iours apres elle deuient blanche & puis verte, comme il a esté dit cy-deuant : mais si tu y procedes plus auant & philosophiquement, elle viendra à la fin à la clarté d'vn tres beau rouge, & d'vne tres agrea-

Medecine, dequoy Dieu soit loüé aux siecles des siecles. Amen.

De l'esprit acide, soulphreux, & volatil du sel commun & de l'alum.

DE la mesme façon qu'il a esté dit cy-deuant pour faire l'esprit volatil du vitriol, il faut proceder pour faire l'esprit volatil du sel commun & de l'alum.

La façon de les preparer.

L'Alum doit estre ietté dedans comme il est sans aucun meslange, mais le sel doit estre meslé auec du bol ou autre terre, pour l'empescher de fondre : auec l'esprit volatil il sort vn esprit acide, les vertus duquel sont escrites dans la premiere Partie, l'huille d'alum a presque les mesmes vertus que l'huille de vitriol, comme aussi l'esprit volatil de ces deux sont de mesme nature & condition que celuy qui est fait de vitriol : du sel commun, & de l'alum on n'en tire pas tant comme du vitriol, excepté que le sel & l'alum soient meslez ensemble, & comme cela l'esprit en est distillé.

De l'esprit volatil & soulphreux des metaux & mineraux, & de leur preparation.

ON peut aussi tirer vn esprit soulphreux & volatil tres penetrant des metaux & mineraux, beaucoup meilleur que celuy de vitriol, de sel commun, & d'alun, comme s'ensuit.

La preparation des esprits volatils des metaux.

DIssous du fer ou du cuiure, ou du plomb, ou de l'estain, auec de l'esprit acide de vitriol, ou de sel commun; tire en le flegme, alors tire l'esprit acide hors du metal, & il emportera auec luy l'esprit volatil du metal, lequel doit estre separé de l'esprit corrosif par la rectification, & ces esprits metalliques ont plus de vertu que ceux qui sont faits des sels.

La preparation des esprits volatils des mineraux.

PRends de l'antimoine en fine poudre, ou des marcassites d'or, ou autre mineral soulphreux, tel qu'il te plaira, deux parties, & les mesle auec vne partie de bon salpestre purifié,

& iette vne petite quantité de ce meslange dedans, & puis vne autre, & continuë comme cela selon la maniere descrite, & il en sortira vn esprit qui n'est pas inferieur au precedent en vertu & efficace : mais il le faut aussi rectifier.

Vne autre façon.

CImente tel metal qu'il te plaira, qui soit en lames ou en grenaille, excepté l'or, auec la moitié de son poids de soulphre cõmun, dãs vn creuset ou pot (bien couuert) tel que le soulphre ne passe pas au trauers, l'espace de demie heure, tant que le soulphre ait penetré & rompu les lames des metaux : puis les mets en poudre, & les mesle auec poids esgal de sel commun, & les distille comme dit est, & tu auras vn esprit volatil de tres grande vertu. Or chacun de ces esprits doit particulierement seruir pour les membres du corps ausquels ils sont ordonnez ou propres. De façon que l'argent est pour le cerueau, l'estain, pour les poulmons, le plomb pour la rate, & ainsi des autres.

L'esprit de zein.

DV zein on distille vn esprit volatil, & vn esprit acide, dont celuy là est bon pour le cœur ; soit qu'il soit fait par l'esprit de vitriol ou de sel commun, ou d'alun, car le zein est de la nature de l'or.

L'esprit volatil des scories du Regule de Mars.

LEs scories noires du Regule de Mars, apres qu'elles sont allées en poudre, rendent aussi vn puissant esprit soulphreux & volatil, qui n'est pas beaucoup different en vertu au precedent.

Le mesme esprit volatil peut aussi estre tiré des autres mineraux, ce que nous obmetons à cause de la brieueté, & aussi eu esgard qu'ils sont presque d'vne mesme vertu.

Pour tirer vn esprit blanc & acide, & vn esprit rouge & volatil du salpestre.

PRends deux parties d'alum, & vne partie de salpestre, mets les toutes deux en poudre, mesle les bien ensemble, & les iette peu à peu dans le vaisseau, comme a esté dit des autres, & il sortira vn esprit acide ensemble auec l'esprit volatil : mais il faut mettre dans le recipient autant de liures d'eau commune, que de la matiere à distiller, afin que l'esprit volatil puisse mieux estre retenu : & quand la distillation est finie, les deux esprits doiuent estre separez par vne douce rectification faite au bain; mais il te faut prendre garde de retirer l'esprit volatil qui soit pur, changeant de recipient en vn temps propre : de façon que l'esprit rouge ne se mesle auec le flegme, par ou il seroit affoibly & deuiendroit blanc. La marque pour connoistre si l'esprit ou le flegme sortent, est celle-cy : quand l'esprit volatil sort, pour lors le recipient est tout à fait rouge : & apres quand le flegme vient, le recipient vient derechef blanc, & sur la fin lors que l'esprit pesant & acide vient, alors le recipient reuient encore rouge, mais non pas tant qu'auparauant, lors que l'esprit volatil sortoit.

Cét esprit peut aussi estre distillé d'vne autre façon, en meslant le nitre auec deux fois autant de bol ou poudre de briques, & en faisant des bales pour empescher qu'il ne fonde : mais il n'y a pas de meilleure voye que la premiere, principalement si tu desires auoir l'esprit volatil.

L'vsage de l'esprit volatil rouge.

CEt esprit volatil estant sans aucun flegme, demeure tousiours rouge semblable à du sang. En toutes occasions on s'en peut seruir comme des precedens esprits soulphreux, particulierement pour esteindre les inflamations de la gangrene; c'est vn grand thresor pour cela, vn linge estant trempé dedans & appliqué sur la partie malade, il surpasse aussi presque toutes les autres medecines pour les erisipeles, & pour la colique : & s'il y a du sang caillé dans le corps par quelque cheute ou contusion, cét esprit ou appliqué par dehors auec des eaux propres pour cela, ou pris par dedans donne du soulagement. Estant meslé auec l'esprit volatil de l'vrine il donne vn sel admirable, comme il sera dit cy apres.

L'vsage de l'esprit blanc acide du sel nitre.

L'Esprit pesant & corrosif du sel nitre, n'est pas beaucoup en vsage dans la medecine, quoy qu'il se trouue presque dans toutes les boutiques des Apoticaires, & est gardé pour le mesme vsage, comme a esté dit de l'esprit de vitriol, pour faire leurs conserues & donner vn goust acide à leurs boissons rafraischissantes. Quelques-vns s'en seruent aussi contre la colique : mais c'est vn trop grand corrosif, & trop grossiere substance pour cét vsage : & quoy qu'on luy puisse vn peu abbattre sa grande corrosion en luy adioustant de l'eau, neantmoins sa bonté & vertu n'egale pas l'esprit volatil, car il y a autant de difference que du blanc au noir: c'est pourquoy l'autre est plus propre pour la medecine, & celuy-cy pour les metaux & mineraux, pour les reduire en vitriols, chaux, fleurs ou crocus.

Eau royale.

SI tu dissouts du sel commun, qui ait esté premierement decrepité dans cét esprit acide de nitre, & le rectifies par la retorte de verre, mise dans le sable, à feu violent, elle sera si forte qu'elle sera capable de dissoudre l'or, & tous autres metaux & mineraux, excepté l'argent & le soulphre, & quelques metaux peuuent par ce moyen estre mieux separez que par l'eau Royale qui a esté faite par l'addition de sel armoniac, mais si tu le rectifies auec la pierre calaminaire, ou auec du zein, elle sera beaucoup plus forte, & sera capable de dissoudre tous les metaux & mineraux, excepté l'argent & le soulphre, par ou dans le maniement on peut faire beaucoup plus d'effects que par l'esprit du sel commun, de salpestre ou soulphre, comme sera dit cy apres, premierement par la preparation.

La preparation de l'or fulminant.

PRends de l'or fin en lames ou grenailles, qu'il soit affiné par l'antimoine ou eau forte, autant qu'il te plaira: mets le dans vn petit verre, & verse dessus trois ou quatre fois autant d'eau royalle, bouche le d'vn papier & le mets dans vne terrine sur le sable chaud: & dans vne ou deux heures l'eau royalle dissoudra l'or en vne eau iaune: si elle ne le dissout pas; c'est signe qu'il y a trop peu d'eau, ou que l'eau est trop foible. Alors verse l'eau auec l'or dissout dans vn autre verre, & mets dauantage d'eau royalle sur l'or, & le mets derechef sur le sable ou cendres chaudes pour dissoudre. L'or qui a resté se dissoudra aussi, & il ne restera plus rien qu'vn peu de chaux blanche, qui n'est autre chose qu'argent, qui ne peut estre dissout par l'eau royalle: car l'eau royalle quoy qu'elle soit faite par la façon commune auec le sel armoniac, ou auec le sel commun, ne dissout point l'argent, de mesme l'eau forte commune, ny l'esprit de nitre ne dissoluent pas l'or : mais tous les autres metaux sont aussi bien dissouts par l'eau forte, comme par l'eau royalle : c'est pourquoy il faut bien prendre garde de prendre de l'or qui ne soit point meslé auec du cuiure, autrement ton trauail seroit gasté : car s'il y auoit du cuiure meslé, il seroit dissout & precipité auec l'or, & il empescheroit la fulmination, mais si tu ne peux auoir de l'or qui soit sans cuiure, prends des ducats ou nobles à la rose où il n'y a point d'adition de cuiure, mais vn peu d'argent, il n'y aura nul danger, d'autãt qu'il ne peut estre dissout par l'eau royalle, il reste au fonds en vne chaux blanche.

Mets ces ducats ou nobles à la rose au feu à rougir, puis les plie en rouleau, & les mets dans l'eau royalle à dissoudre. Tout l'or estant dissout & mis dehors, verse dessus goutte à goutte de pur huille de sel de tartre fait par defaillance, & l'or se precipitera par cette contraire liqueur du sel de tartre en vne poudre iaune obscure, & la solution restera claire: mais prends bien garde de ne verser pas plus d'huille de tartre dessus qu'il n'est besoin pour la precipitation de l'or, autrement vne partie de l'or precipité se dissoudroit derechef, & te causeroit de la perte ; l'or estant bien precipité, verse l'eau par inclination, & mets de l'eau chaude sur la chaux de l'or, les remuant ensemble auec vn baston bien net, & le mets en lieu chaud tant que l'or soit rassis, & que l'eau reste claire desfais derechef ; alors verse la, & remets nouuelle eau dessus, reitere ledit trauail tant que l'eau ait tiré tout le sel, & qu'il sorte insipide & sans aucun goust de sel, alors mets la chaux d'or à seicher au Soleil ou autre lieu chaud, prenant bien garde que la chaleur ne soit pas plus grande que celle du Soleil au mois de May ou Iuin, autrement il prendroit feu, principalement s'il y en a beaucoup, & feroit vn tel bruit que tu serois en hazard de perdre l'oüye : & ceux qui seroient aupres en seroient beaucoup incommodez : c'est pourquoy ie t'aduertis d'y bien prendre garde, autrement tu es en danger de perdre ton or, & ta santé par ta negligence.

Il y a aussi vne autre façon pour edulcorer ton or precipité qui se fait ainsi. Prends l'or & la liqueur salee tout ensemble, & la verse dans vn antonnoir où il y ait vn cornet de papier brun en double, & laisse passer l'eau dans vn vaisseau, verse de nouuelle eau chaude & la laisse passer ; reitere cela tant que l'eau en sorte aussi insipide que lors que tu l'y as mise, alors prends le papier auec la chaux d'or edulcoree, & la mets sur d'autre papier brun en diuers doubles, & le papier qui est sec attirera toute l'humidité de la chaux de l'or : & comme cela il sera plutost sec. Estant sec oste-le de ce papier & le mets dans vn autre qui soit net, & le garde pour ton vsage. L'eau salée qui a passé par le filtre, doit estre euaporée dans vn vaisseau de verre sur le sable, iusqu'à ce qu'elle soit seiche & coagulée en sel qui soit preserué de l'air : d'autant qu'il est bon pour l'vsage de la medecine, ayant retenu quelque vertu de la nature de l'or, quoy qu'on ne le croye pas, à cause qu'il est si clair : ce qui se peut neantmoins connoistre si tu le fonds dans vn creuset neuf, & le verses apres dans vn mortier ou bassin de cuiure bien net, estant premierement chauffé, tu auras vn sel de couleur de pourpre, lequel estant donné depuis, 6. 9. 12. iusqu'à 14. grains, nettoye & purge l'estomac & les boyaux, & sert particulierement pour les fiévres & autres maladies de l'estomac : mais dans le creuset où il a esté fondu, tu trouueras vne substance terrestre qui s'est separee elle mesme du sel, de couleur iaune, laquelle estant tirée hors & fonduë dans vn petit creuset à feu violent, se change en vn verre iaune qui est empreint de la teinture de l'or, & laisse vn grain d'argent, semblable en toutes choses à l'argent de coupelle commun, dans lequel on ne troue point d'or, ce qui est digne d'admiration : à cause que tous les Chymistes sont d'opinion que l'eau royalle ne dissout point l'argent, ce qui est vray. La question est donc d'où est venu cét argent dans le sel, puis que l'eau royalle ne dissout point l'argent ? surquoy quelqu'vn pourra respondre qu'il peut auoir esté dans l'huille de tartre, veu que beaucoup croyent que les sels peuuent estre conuertis en metaux, ce que ie ne nie point, mais ie nie seulement que cela puisse auoir esté fait icy, car si cét argent eust esté dans le sel de tartre, ou dans l'eau royalle qui ne le peut souffrir, il auroit esté precipité ensemble auec l'or. Or ce n'estoit point argent commun, mais de l'or changé en argent apres qu'il a esté priué de sa teinture, ce que ie prouueray briefuement. Car cette eau salée, hors de laquelle l'or a esté precipité, est de cette nature, quoy qu'elle soit claire & blanche, que si tu trempes vne plume dedans elle sera teinte en couleur de pourpre, laquelle couleur de pourpre vient de l'or & non de l'argent, veu que l'argent teint en rouge ou noir : par où il appert que l'eau salée a retenu quelque chose de l'or.

A present peut estre quelqu'vn me demandera si ladite eau salée a retenu de l'or, comme quoy se peut-il faire qu'en la fonte il n'en sorte point d'or, mais seulement de l'argent ? surquoy ie responds, qu'il y a des sels de cette nature, qu'ils prennent dans la fonte la couleur ou ame de l'or : c'est pourquoy si l'or est veritablement priué de sa couleur, il n'est plus or ny ne peut estre tel : & mesme il n'est pas argent, mais il reste seulement vn corps noir & volatil qui n'est bon à rien, & se trouue de qualité moins fixe que le plomb commun, n'estant plus capable de souffrir la violence du feu, encore moins la coupelle : mais est semblable au mercure ou arsenic, s'enfuyant par vne petite chaleur, d'où on peut recueillir que la fixité de l'or consiste en son ame ou teinture, & non en son corps : c'est pourquoy il est croyable que l'or peut estre anatomisé, separant sa meilleure partie de la grossiere & lourde, & par ce moyen en tirer hors vne medecine teignante : mais que cecy soit la droite voye pour faire la medecine vniuerselle des anciens Philosophes, par laquelle ils transmuoient tous les metaux en pur or, ie ne le veux pas disputer : neantmoins ie croy que par auanture il y a vn autre suiet doué d'vne plus haute teinture que l'or mesme, lequel n'a receu de la nature que ce qui luy est necessaire pour luy-mesme & pour sa fixité, neantmoins il faut certainement croire, que si la veritable teinture ou ame de l'or est bien separée de son corps noir & impur, il peut estre exalté en couleur, & teindre en vray or vne plus grande quantité de metal imparfait, que le corps d'où il est sorty ne contenoit : mais apres tout cecy, il est tres certain & veritable que si l'or est priué de sa teinture, le corps qui reste n'est plus or, comme il est demonstré plus au long dans mon Traitté du veritable or potable : I'ay voulu dire cecy seulement, afin que si quelque amateur de l'Art, trouue dans son trauail vn tel grain, il puisse connoistre d'où cela prouient.

Ie pourrois auoir passé sous silence la preparation de l'or fulminant, & espargner le temps & le papier, à cause qu'elle est monstree par d'autres : mais d'autant que i'ay promis dans la I. Partie de monstrer à faire les fleurs d'or, & qu'elles doiuent estre faites par l'or fulminant, i'ay creu qu'il ne seroit pas hors de propos d'en descrire la preparation, afin que les amateurs de l'Art qui desirent faire les fleurs d'or, ne soient pas obligez d'auoir recours à d'autres liures, mais qu'ils puissent trouuer dans celuy-cy la parfaite instruction. Et c'est icy la maniere commune des Chymistes pour faire l'or fulminant : mais d'autant qu'il est facile de commettre vne erreur, soit en versant trop d'huille de tartre, principalement si elle n'est pas assez pure (de façon que tout l'or ne se precipite pas, mais vne partie en reste dans la solution, par où tu reçois de la perte) ou par la precipitation d'vne chaux trop grossiere, laquelle ne fulmine pas bien, & par consequent n'est pas propre pour estre sublimée en fleurs.

C'est pourquoy i'en veux descrire vne autre façon, par laquelle tout l'or peut estre precipité entierement & nettement hors de l'eau royalle sans aucune perte, deuient fort iaune & leger, & fulmine deux fois plus que le precedent, & il n'y a point d'autre difference, sinon qu'au lieu de l'huille de tartre il se faut seruir de l'esprit d'vrine ou de sel armoniac pour precipiter l'or dissout, & l'or, comme a esté dit, sera beaucoup mieux precipité que celuy qui est precipité par l'huille de tartre, & estant precipité il le faut edulcorer & seicher, comme a esté dit dans la premiere preparation.

L'vsage de l'or fulminant.

IL y a fort peu de chose à escrire de l'or fulminant pour l'vsage de la medecine, à cause que c'est seulement vne chaux grossiere qui n'est point agreable à la nature humaine. Quoy qu'elle soit en vsage & donnee depuis 6. 8. 12. gains iusqu'à vn scrupule, pour prouoquer la sueur en la peste, & autres fievres malignes, elle ne reüssira pas selon l'attente. Quelques-vns l'ont meſlée auec vn peu de ſoulphre commun, & l'ont calcinée, par où ils l'ont priuee de ſa vertu fulminante, ſuppoſant d'auoir par là vne meilleure medecine, mais le tout en vain, car la chaux d'or n'eſt pas melioree par cette groſſiere preparation. Or afin qu'on voye euidemment que l'or n'eſt pas vn corps mort, qu'il eſt bon pour la medecine, & qu'il peut eſtre rendu viuant, & propre pour monſtrer les vertus dont il a pleu à Dieu de l'enrichir, ie m'en vay le declarer en peu de mots.

Premierement il faut auoir vn inſtrument fait de cuiure ſemblable à celuy par le moyen duquel ſont faits les eſprits, vn peu plus court, n'ayant point de couuercle en haut, mais ſeulement vn col, auquel appliqueras vn recipient ſans eſtre lutté : il ſuffit ſeulement que le col entre bien auant dans le ventre du recipient, & en la partie inferieure il faut que le cul ſoit plat, afin qu'il puiſſe demeurer ferme, & ſur le fonds il faut qu'il y ait vn petit trou auec vne petite porte, qui ferme exactement : & il faut qu'il y ait deux petites plaques d'argent ou de cuiure, auſſi grandes que l'ongle d'vn doigt, ſur leſquelles l'or fulminant doit eſtre mis dans l'inſtrument, lequel doit eſtre ſur vn trepier, ſous lequel il faut mettre des charbons ardens pour chauffer le fonds, ayant bien donné ordre que l'inſtrument & le recipient ſoient bien fermez & aſſeurez. Le fonds eſtant chauffé, alors il faut prendre 2. 3. ou 4. grains de l'or fulminant & auec de petites pincettes le mettre par la petite porte ſur le cul du vaiſſeau qui eſt chaud,

& fermer promptement la petite porte ; quand l'or sent la chaleur, il s'allume & fait vn grand bruit, ce qui cause vne separation des parties de l'or ; car incontinent que le bruit est fait l'or passe au trauers du col dans le recipient en vne fumée de couleur de pourpre, & s'attache par tout comme vne poudre de couleur de pourpre. Quand la fumee est passée, ce qui est promptement fait, alors tire la plaque hors de l'instrument, & y mets l'autre auec de l'or, lequel fulminera aussi & donnera ses fleurs. La premiere estant froide, il la faut remplir à mesme temps & la mettre dedans, continuant comme cela tant que tu ayes assez de fleurs : la sublimation finie, laisse refroidir le vaisseau de cuiure, & ramasse auec vne brosse l'or qui n'est pas sublimé, laquelle poudre n'est bonne à autre chose qu'à estre fonduë auec vn peu de borax, & ce sera derechef bon or, mais vn peu plus passle qu'il n'estoit auparauant qu'il fust fait or fulminant.

Or les fleurs ne sõt pas aisemẽt retirées hors du recipient, principalement si elles sont faites auec addition de nitre (cõme il sera monstré cy apres, en parlant des fleurs d'argent) d'autant qu'elles sont vn peu humides : c'est pourquoy il y faut mettre de l'esprit de vin tartarisé & deflegmé, autant que tu iugeras estre necessaire pour détacher les fleurs du recipient. Ce fait verse hors l'esprit de vin ensemble auec le fenix bruslé dans vn mattas de verre bien net, estant premierement bien luté mets le dans le bain doux, ou sur les cendres chaudes par quelques iours:

& l'esprit de vin se teindra d'vne belle couleur iaune, lequel tu verseras hors, & en remettras d'autre comme deuant en digestion tant qu'il soit teint, mets apres les deux extractions dans vn petit verre, & en tire l'esprit de vin au bain hors de la teinture. qui sera en petite quantité: mais d'vne couleur rouge tres haute & plaisante au goust. Les fleurs qui restent apres l'extraction de la teinture, doiuent estre lauées auec de l'eau hors du verre, & seichées si on les veut fondre; & tu auras vn or vn peu pasle, & la pluspart se reduira en verre, duquel par fortune quelque autre chose de bon en peut estre fait, mais qui m'est inconnu iusqu'à present.

N. B. Si tu mesles l'or fulminant auec du nitre, auparauant la fulmination, alors les fleurs seront plus aisees à dissoudre, de façon que la teinture en est plutost extraite & plus aisement que si elles estoient seules; & s'il te plaist tu y peux ioindre trois fois son poids de nitre, & cõme cela le sublimer en fleurs, de la mesme façon qu'il sera dit pour faire les fleurs d'argent.

L'vsage de la teinture d'or.

CEt extrait ou teinture est vne des principales medecines, qui conforte & réjoüit le cœur de l'homme, restaure, renouuelle, raieunit, & nettoye le sang impur de tout le corps, par où sont gueries quantité d'horribles maladies, comme la lepre, la verole, & autres semblables.

Mais que cette teinture puisse estre aduancée en vne substance fixe par le moyen du feu, ie n'en sçay rien, car ie n'ay pas passé plus auant que ce dont est fait mention.

Des fleurs d'argent & de leur medecine.

AYant promis dans la premiere partie de ce Liure, lors que la preparation des fleurs des metaux a esté descrite, d'enseigner dans la seconde partie à faire les fleurs d'or & d'argent, celles de l'or estant monstrées, il faut selon l'ordre parler de celles d'argent & de leur preparation, ce qui se doit faire comme s'ensuit.

Prends de l'argent tres fin en lames deliees ou en petite grenaille autant qu'il te plaira, & le mets dans vn petit verre de separation, & verse dessus deux fois son poids d'esprit de nitre rectifié, & l'esprit de nitre commencera incontinent à trauailler & dissoudre l'argent : mais lors qu'il ne voudra plus dissoudre au froid, il le faut mettre sur le sable ou cendres chaudes, & il commencera incontinent de trauailler derechef, alors verse la solution dans vne cucurbite, & mets vne chappe dessus, & en tire la moitié de l'humidité sur le sable ; laisse refroidir le verre; puis tire hors le verre, & le laisse comme cela vn iour & vne nuit, & l'argent se changera en des cristaux blancs feüillez, hors desquels tu tireras le reste de la solution qui n'est pas changée en gée en cristaux, & en tire derechef la moitié de l'humidité par la distillation, & la laisse en lieu froid pour se reduire en cristaux, reïterant ledit trauail tant que presque tout l'argent se soit conuerty en cristaux; lesquels tu feras seicher sur du papier à filtrer, & les garde pour l'vsage comme il sera dit cy-apres. Pour la solution restante qui ne s'est point cristalisée, tu peux verser de l'eau dessus, & la precipiter en chaux, puis l'edulcorer & seicher, & la garder pour autre vsage, ou bien la fondre & reduire en corps, ou la precipiter auec eau salée, & l'edulcorer & seicher, & tu auras vne chaux qui se fond à vne douce chaleur, elle est d'vne nature particuliere dans l'esprit d'vrine, de sel armoniac, de corne de cerf, d'ambre, de suye, & de cheueux, dont peut estre preparée vne bonne medecine, comme il sera monstré lors que nous traitterons de l'esprit d'vrine: ou bien, si tu ne veux pas precipiter la solution de l'argent restant, tu en pourras tirer vne excellente teinture auec l'esprit d'vrine, comme il sera dit cy apres.

L'vsage des cristaux d'argent.

CEs cristaux peuuent estre employez seurement tous seuls en la medecine, depuis 3. 6. 9. 12. grains estant meslez auec vn peu de sucre, ou bien en forme de pillules. Ils purgent doucement sans aucun danger; mais à cause de leur amertume ils ne sont pas agreables à prendre, si on ne les met en pillules, ils teignent les leures, la langue & la bouche de couleur noire. Il n'est pas necessaire de traitter icy de la cause de cette noirceur : Nous en parlerons cy-apres. S'ils touchent les metaux, cõme l'argent, le cuiure, & l'estain, ils les rendent noirs & salles : c'est pourquoy ils ne sont pas beaucoup en vsage. Que si tu mets dans la dissolution de l'argent, auparauant qu'il soit reduit en cristaux la moitié autant de vif argent, & comme cela les dissouts ensemble, & apres les laisses cristaliser : il s'en forme de beaux petits cristaux semblables à l'alum, qui ne se dissoluent point à l'air, comme font ceux de l'argent, ils ne sont pas si amers, purgent mieux & plus promptement que ceux de l'argent seul.

Le moyen de sublimer les cristaux de l'argent en fleurs, & apres faire vne bonne medecine des fleurs.

PRens de ces cristaux d'argent feüillez autant qu'il te plaira, & les broye bien auec autant de nitre bien purifié & seiché sur vn marbre qui soit premierement chauffé, puis les mets dans la cornuë de fer : au col de laquelle il y ait vn grand recipient bien luté, ayant mis l'espaisseur de deux doigts de charbon en poudre dedans, & donne ou allume le feu dessous, & auec vne cueillere iette dedans de tes cristaux d'argent, enuiron vne dragme, plus ou moins, selon que tu verras que la grandeur de ton vaisseau est capable. Ce fait couure le promptement de son couuercle, & ledit nitre & cristaux d'argēt ensēble seront allumez par les charbons qui sōt au fōd de la cornuë, & il sortira par le col dans le recipient vne fumee blāche de l'argent, & lors que les nuées seront passees dans le recipient, iette en dauantage, continuant comme cela tant que tous les cristaux soient iettez ; ce fait laisse-le refroidir, & oste le recipient, & mets dedans de bon esprit de vin alcolisé, & laue les fleurs hors du recipient auec ledit esprit de vin, & y procede de mesme qu'il a esté dit cy-deuant au procedé des fleurs d'or, & tu auras vne liqueur verte, laquelle est fort bonne pour le cerueau.

Enfin oste les charbons de la cornuë, mets les en fine poudre, & les laue auec eau, iusqu'a ce que la poudre legere des charbons en soit hors, & tu trouueras beaucoup d'argent, ou beaucoup de petits grains d'argent que le nitre n'a sçeu faire passer, lesquels reduiras en corps : car c'est de bon argent.

On peut aussi faire vne bonne medecine des cristaux d'argent, laquelle sera peu differente de la precedente, par laquelle les maladies & infirmitez du cerueau peuuent estre gueries, elle se fait comme s'ensuit.

Pour faire vne huille verte de l'argent.

MEts sur les cristaux d'argent, deux ou trois fois autant du plus fort esprit de sel armoniac, mets les dans vn matras bien bouché en digestion à douce chaleur, l'espace de huict ou quatorze iours, & l'esprit de sel armoniac sera teint d'vne belle couleur bleuë, verse le hors, &

le filtre par le papier : puis le mets dans vne petite retorte de verre, & par vne douce chaleur du bain extraits en presque tout l'esprit de sel armoniac, lequel peut encore seruir, & il restera au fond vne liqueur grasse qui doit estre gardee pour la medecine.

Mais s'il arriuoit que tu tirasses trop d'esprit hors de la teinture d'argent, de façon que la teinture resta à sec, & ny eut qu'vn sel verd, alors tu peux verser derechef dessus autant d'esprit de sel armoniac qu'il en faut pour dissoudre derechef le sel verd en liqueur. Que si tu desires auoir la teinture plus pure, alors il faut extraire toute l'humidité tant qu'il soit sec, sur lequel tu verseras de bon esprit de vin, qui le dissoudra promptement puis le filtreras, & il restera des feces, & la teinture sera plus belle : hors de laquelle tu extrairas la meilleure partie du vin, & la teinture en sera plus haute en vertu. Mais si tu veux tu peux distiller ce sel verd auparauant qu'il soit extrait auec l'esprit de vin dans vne petite retorte de verre, & tu auras vn esprit subtil, & vne huille forte demeurant au fond de la retorte vn argent fusible qui n'a pas peu sortir.

Cela est admirable, que lors qu'on met de l'esprit de sel armoniac, ou de l'esprit de vin sur ce sel ou pierre pour le dissoudre, le verre deuient si froid qu'il est presque impossible de le tenir dans la main, laquelle froideur vient selon mon opinion de l'argent, lequel est naturellement froid.

L'vſage de cette liqueur verte dans l'Alchimie, & dans les operations mecaniques.

CEtte liqueur verte ne ſert pas ſeulement pour la medecine, mais auſſi pour d'autres operations Chymiques, car le cuiure & le verre en peuuent eſtre argentez fort facilement. Elle eſt bonne pour l'vſage de ceux qui ſont curieux, & qui ayment de faire monſtre de beaux meubles: car ſi tu as des eſcuelles, aſſiettes, plats, ſallieres, taſſes & autres vaiſſeaux de verre faits à la façon de ceux d'argent, tu peux fort facilement & à peu de frais les argenter dedans & dehors, de telle ſorte qu'à la veuë on ne les ſçauroit diſcerner du veritable argent.

Outre toutes les ſuſdites medecines, il s'en peut faire vne autre tres excellente auec les criſtaux d'argent: ſçauoir en les diſſoluant & digerant quelque eſpace de temps auec l'eau vniuerſelle, qui a eſté diſtillée par la nature meſme: laquelle eſt connuë de tous, Apres ſa digeſtion d'vn peu de temps, ayant changé de diuerſes couleurs, il ſe trouuera vne eſſence fort agreable, laquelle n'eſt pas ſi amere que la ſuſdite liqueur verte, qui n'eſt pas encore paruenuë à maturité par le moyen de la chaleur.

N. B. dans ce doux menſtruë vniuerſel, tous les autres metaux peuuent auſſi par vne petite chaleur de digeſtion & en peu de temps eſtre meuris & rendus propres pour la Medecine, ayant premierement esté reduits en leurs vitriols ou sels, & pour lors ils ne sont plus des corps morts : mais par cette preparation ils ont recouuré vne nouuelle vie, ce ne sont plus les metaux des auares, mais peuuent estre appellez, les metaux des Philosophes & des Medecins.

Vsage des cristaux de Lune hors la Medecine.

EN dernier lieu on peut faire quantité de iolies choses, outre l'vsage de la medecine, par le moyen des cristaux d'argent, car si tu les dissouts dans de l'eau de pluye, tu peux teindre la barbe, les cheueux, la peau, & les ongles des hommes & des bestes de couleur incarnate rouge, brune & noire selon que tu auras mis plus ou moins de cristaux dans ladite eau ; ou bien, selon le plus ou le moins de temps que les cheueux en auront esté moüillez : par ce moyen les hommes & les bestes, ce qui ne doit pas estre condamné en certaines occasions, sont tellement changez qu'on ne les sçauroit connoistre.

Cette façon de colorer ou teindre peut aussi estre faite auec le plomb, ou auec le mercure, de mesme qu'auec l'argent : mais ils doiuent estre preparez d'autre façon, dequoy il sera traitté en la quatriesme Partie.

A present i'ay monstré comme il faut faire les fleurs & les teintures de l'or & de l'argent par le moyen de l'esprit acide du nitre. On en peut aussi faire beaucoup d'autres Medecines, il n'est pas à propos d'en traitter dauantage en ce lieu, cela sera dit en d'autres lieux, tant de ce second Liure, que des autres suiuans.

De mesme qu'on peut faire de bonnes Medecines de l'or & de l'argent par le moyen de l'esprit de nitre : on en peut aussi faire des metaux inferieurs ; mais d'autant que leur description est plus propre pour d'autres endroits de ce Liure, ie les passe sous silence icy. Neantmoins ie croy qu'il est bon d'escrire vne preparation de chaque metal. Apres l'argent donc s'ensuit le cuiure.

Vne medecine du cuiure pour en vser exterieurement.

DIssous des lames de cuiure bruslees dans de l'esprit de sel, & en extraits derechef l'esprit iusqu'à seicheresse, mais non trop fort, & il restera au fonds vne masse verte, laquelle tu ietteras peu à peu dans la cornuë pour la distiller, comme a esté fait de l'argent. Il en sort vn tres fort & puissant esprit & des fleurs, pour l'vsage exterieur dans les playes putrides, qui fait vn bon fondement pour la guerison.

Vne medecine du fer ou acier.

IL faut proceder de mesme sur le fer ou acier, & il restera au fond vn bon crocus qui est grandement astringeant, principalement du fer ou acier, il peut estre meslé auec onguents & emplastres fort vtilement,

De l'estain, & du plomb.

SI on dissout là dedans de l'estain ou du plomb, apres l'extraction d'vne partie de l'esprit, ils se tourneront en des cristaux clairs & doux : mais l'estain ne se dissout pas si aisement que le plomb. On se peut seurement seruir de tous les deux dans la Medecine, on en peut aussi tirer vn esprit & des fleurs par la distillation de tous les deux. La repetition de la preparation n'est pas necessaire, car celle de tous les autres metaux se fait de mesme que celle de l'argent.

L'vsage des cristaux de plomb, & d'estain.

LEs cristaux de plomb sont tres excellents pour la peste, pour prouoquer la sueur & chasser le venin hors du corps, ils peuuent aussi estre mis en vsage auec bon succez contre le flux de sang. Pour l'exterieur estant dissouts en eau claire on trempe des linges dedans, lesquels appliquez rafraischissent extraordinairement bien, & esteignent toutes inflamations, en quelle partie du corps que ce puisse estre, semblablement l'esprit & les fleurs estant meslez auec les onguents, font vn grand effet.

Les cristaux d'estain ne font pas si promptemẽt leur operation, quoy qu'ils fassent aussi leur effet, & ils sont plus agreables que ceux de plomb, car il se trouue dans l'estain vn soulphre d'or, mais dans le plomb vn soulphre blanc d'argent, comme il est prouué dans mon Traité de la generation & nature des metaux.

Du Mercure.

SI tu diſſous le mercure commun auec de l'eſprit de nitre rectifié, & en extraits l'eſprit derechef, il reſtera au fond vn beau & tranſparant precipité, mais quand l'eſprit n'eſt point rectifié, il ne ſera pas ſi beau, à cauſe que les impuretez de l'eſprit demeurent auec le mercure & le ſaliſſent. Ce mercure calciné eſt appellé par aucuns mercure precipité, & par d'autres turbit mineral, duquel les Chirurgiens & quelque fois les Medecins qui ne ſont pas experimentez donnent pour la gueriſon de la verole, depuis 6 8. ou 10. grains plus ou moins, ſelon ſa preparation, & violentent le malade : car ſi l'eſprit n'en eſt pas entierement extrait, il trauaille tres puiſſamment, l'eſprit qui reſte auec le mercure le rendant prompt & actif, ce qu'il ne feroit pas autrement.

Les autres metaux auſſi, s'ils ne ſont pas premierement rendus ſolubles par les ſels ou eſprits, ne rendent que peu, ou point d'operation, excepté le zein ou le fer, leſquels eſtant aiſement diſſouts, ſont capables de trauailler promptement ſans aucune autre diſſolution, comme a eſté monſtré cy-deuant, quand nous auons traitté de l'huille de vitriol : dautant que les eſprits acides ſont cauſe de l'operation, comme il ſe peut voir manifeſtement : car quoy que tu prennes demy once de vif argent & l'auales dans l'eſtomac, neantmoins il ſortira hors par le fondement, comme il a esté pris. Mais s'il est preparé auec les esprits ou sels, alors peu de grains trauailleront puissamment, & plus il est rendu soluble plus il trauaille auec violence, comme tu peux voir lors qu'il est sublimé auec sel & vitriol, il deuient si puissant par là qu'vn grain trauaille plus que 8. ou 10. grains de turbit mineral, tellement que 3. ou 4 grains tueront vn homme à cause de sa force plus grande que celle du sublimé qui est dissout par l'esprit de nitre & cristalisé; Tu n'en sçaurois mettre sur la langue sans danger. Ce que quelques-vns ayant apperceu, ils euaporent l'eau forte à feu doux, de façon que le mercure demeure iaune, lequel est plus fort en vne petite dose que le rouge, duquel l'esprit est entierement euaporé. On ne s'en sert pas seulement par dehors sur l'impureté des vlceres & blesseures pour corroder ou manger la chair superfluë, (ce qui ne se fait pas sans vn grand tourment du patient) mais aussi sans faire distinction de vieux ou de ieune ils le donnent au dedans pour purger, ce qui est vne des dangereuses purgations dont on puisse vser. Ce mauuais hoste de quelle façon qu'on le prepare, ne quitte point sa mauuaise qualité, sinon qu'il soit reduit à vne telle substance qu'il ne puisse iamais plus estre reduit en mercure vif: car pour lors on en peut faire de bonnes choses dans la medecine sans aucun danger de preiudicier à la santé de l'homme, dequoy peut-estre il sera parlé plus amplement en vn autre endroit.

Ie découuriray icy vn grand abus en faueur

des petits enfans, ausquels les Medecins ignorans donnent du mercure pour tuer les vers. Ils ne connoissent pas sa mauuaise nature, laquelle est nuisible aux nerfs : car il s'y en a qui sont d'opinion, que s'ils le sçauoient preparer de telle façon qu'il put estre donné en grande dose, comme on fait le mercure doux, qu'il seroit alors bien preparé, mais ils errent grandement : estant beaucoup plus expedient qu'il ne soit pas si bien preparé, afin qu'il nuise moins à l'homme, eu esgard qu'ils ne l'osent pas donner en si grande dose. Car si celuy qui est preparé auec l'eau forte ou auec l'esprit de nitre est en vsage pour estre donné contre la verole aux hommes qui sont aduancez en aage, il ne fera pas tant de mal, d'autant qu'il est donné en petite dose, & par ce moyen la nature est aydee pour vaincre & détruire ce grand venin, & abbatre sa malignité par vn violent crachat, qui est vne proprieté dont nature l'a pourueu. De sorte qu'il n'en arriue pas tant de de mal que par le mercure doux, duquel on donne à de petits enfans depuis dix iusqu'à trente grains à la fois, non sans beaucoup de danger, s'ils ne sōt fort robustes, veu qu'il leur cause vne grande foiblesse & contraction de membres.

De mesme ceux-là s'abusent aussi grandement qui secoüent le mercure dans de l'eau ou biere tant que l'eau soit de couleur grise, & la donnent à des petits enfans à boire pour tuer les vers, alleguant qu'ils ne donnent point la substance ou corps du mercure, mais seulement sa vertu. Toutefois cette grossiere preparation n'est pas meilleure que s'ils auoient donné le mercure mesme, & ie n'ay iamais reconnu que l'vsage du mercure doux, ou l'eau colorée de gris ayent esté suiuis d'vn bon euenement pour tuer les vers. Il est croyable que l'on pourroit reüssir par le precipité iaune ou rouge, eu égard à son operation violente. Mais qui veut estre si grand ennemy de ses enfans, de les blesser & torturer auec vne medecine si nuisible & mortelle ? principalement lors qu'on voit qu'il y a & qu'on peut auoir d'autres medecines qui ne font point de mal aux enfans, comme il se trouue dans le fer ou acier, & dans l'huille douce de vitriol.

Ce que ie dis de l'abus du mercure, sera vn bon aduertissement à plusieurs, afin qu'ils ne logent pas si aisemẽt vn hoste si tirannique dans aucune maison, autrement la ruine entiere s'en ensuiuroit, & telle guerison ne merite point de loüange du tout, lors qu'on guerit vn membre & qu'on en blesse deux ou trois autres, comme nous voyons en la verole, que lors qu'vn membre infecté est guery par le mercure, à demy & non entierement, tout le reste du corps est en danger pour l'auenir : c'est pourquoy il seroit beaucoup meilleur que telle medecine de cheuaux fust ostée du nombre des bons medicaments, & qu'on se seruist en leur place d'autres, lesquels sans porter aucun preiudice aux autres parties accomplissent la cure ou guerison : dont i'en ay monstré diuerses sortes dans ce Liure. Ceux qui ont esté gastez par vn mercure si mal preparé, n'ont point de meilleur remede pour les remettre en bon estat, que les medecines faites des metaux, auec lesquels le mercure a vne grande affinité, comme l'or & l'argent : car lors qu'on en vse souuent, ils font attraction du mercure hors de tous les membres, & le traiment auec eux hors du corps, & comme cela le guerissent, mais le mercure precipité peut estre plus doucement mis en vsage exterieurement, qu'interieurement, en cas qu'on n'en peust auoir d'autres; sçauoir pour corroder ou manger la chair superfluë des blesseures. Mais si en sa place on se sert de l'huille corrosiue d'antimoine, de vitriol, alum, ou sel commun, on fera beaucoup mieux, & la guerison en sera plutost faite. Certes il seroit plus à propos qu'au commencement on se seruist de bons medicaments aux blesseures nouuelles, afin de n'estre pas obligé d'auoir recours à tels corrosifs qui donnent tant de tourment. Ce mercure seruira mieux pour les soldats, mādiants & enfans, qui vont à l'escolle, car si on en poudre la teste des enfans, qu'on en mette dans leurs linges ou habits, les poux n'y resteront pas dauantage, auquel cas il ne faut pas que le mercure soit rendu rouge par sa preparation, mais seulement iaune, & s'en faut seruir diuersement, & ne le ietter pas trop espais, autrement il corroderoit la chair, ce qui causeroit de grands maux.

De l'eau Forte.

PRends du sel de nitre & vitriol parties égales, ou si tu ne veux pas l'eau si forte, deux parties de vitriol & vne de sel nitre, & en distille vne eau forte qui est bonne pour dissoudre les metaux, & pour les separer l'vn de l'autre; comme l'or de l'argent, & l'argent de l'or, duquel sera traitté ponctuellement dans la quatriesme Partie.

L'eau forte sert aussi pour beaucoup d'autres operations mechaniques, pour dissoudre & rendre les metaux propres, afin qu'ils soient plus aisement reduits en medicaments: mais d'autant que l'esprit de nitre & l'eau forte sont presque de mesme, & ont vne semblable operation: car si l'eau forte est deflegmee & rectifiee, tu en peux faire la mesme operation, qu'auec le nitre; & d'autre costé l'esprit de nitre fera tout ce qui peut estre fait par l'eau forte: ie n'en parleray pas icy d'auantage, reseruant le surplus à la quatriesme Partie.

A present ie connois bien que des Artistes ignorans, lesquels font toutes choses par coustume, sans considerer plus auant dans les choses naturelles, blasmeront mon sentiment, à cause que i'enseigne que l'eau forte faite de vitriol & de salpestre est de la mesme condition & nature que l'esprit de nitre, leqnel est fait sans vitriol, disant que l'eau forte contient aussi de l'esprit de vitriol, d'autant que le vitriol est aussi en vsage dans sa preparation. A quoy ie responds, qu'encore que dans sa preparation on se serue du vitriol, neantmoins pour tout cela dans la distillation il ne sort point ou bien peu d'esprit auec l'esprit de nitre : car par vne si petite chaleur il ne peut s'eleuer si haut comme fait l'esprit de nitre: & le vitriol n'est meslé auec le nitre, que pour empescher qu'il ne fonde, & pour mieux faciliter la distillation de l'esprit. Et pour conuaincre l'incredule de cette verité, qu'il aye de l'esprit de nitre & qu'il y ioigne vn peu d'huile de vitriol, & qu'il essaye de dissoudre de l'argent doré auec, & il trouuera que l'esprit de nitre est rendu incapable de faire cette separation, à cause de l'esprit de vitriol, car il trauaille puissamment sur l'or, ce que l'eau forte ne fait pas.

Esprit de nitre sulphuré.

ON peut aussi faire vn esprit de salpestre auec du soulphre : ce qui est en vsage parmy beaucoup de gens; sçauoir ils prennent vne forte retorte de terre, qui a vn tuyau en haut, & l'attachent au fourneau, & ayant mis le sel nitre dedans, ils le laissent fondre, & lors ils iettent par le tuyau vn morceau de souphre de la grosseur d'vn poids l'vn apres l'autre, lesquels estant allumez ensemble auec le nitre, donnent vn esprit qui est appellé par quelques-vns esprit de nitre, & par d'autres huille de souphre : mais faussement, car il n'est ny l'vn ny l'autre: d'autant que les metaux n'en sçauroient estre dissous, comme ils le sont par d'autre esprit de nitre ou de souphre, & il ne peut pas beaucoup seruir pour l'vsage de la medecine, & s'il estoit bon pour aucune operation Chymique, il seroit aisement fait & en grande quantité par le moyen de mon vaisseau distillatoire.

Que si le salpestre est meslé auec le soulphre en due proportion, & ietté sur les charbons ardents dans le premier fourneau, alors tout sera bruslé, & en sortira vn esprit tres fort, les vertus duquel il n'est pas besoin de descrire icy ; mais il en sera dit dauantage en vn autre lieu.

Du Clissus.

LEs Medecins modernes ont fait mention d'vn autre esprit, lequel ils font de l'antimoine souphre, & salpestre. ana, ils l'appellent Clissus, & l'ont en grand'estime non sans cause, d'autant qu'il fait de merueilleux effets s'il est bien preparé.

Celuy qui l'a inuenté se sert d'vne retorte auec vn tuyau, comme il a esté dit de l'esprit de nitre & soulphre, par lequel tuyau il iette son mélange ; c'est vne bonne voye, si on n'en connoissoit pas vne meilleure : mais si l'Autheur eust connu mon inuention & voye de distiller, ie ne doute point qu'il n'eust quité sa façon de retorte auec son tuyau pour se seruir de la mienne.

Les matieres sont à la verité bonnes, mais non le poids & proportion, car pourquoy tant de souphre, n'estant pas capable de se brusler tout auec

auec vne si petite quantité de salpestre : mais seulement il est sublimé & bouche le col de la retorte, & parlà la distillation est empeschée, comme quoy peut-il donc auoir aucune vertu ? C'est pourquoy il ne te faut pas prendre tant de souphre, mais seulement telle quantité qu'il faut à allumer le salpestre : à sçauoir sur ℔, de nitre demy once de souphre : mais d'autant que l'antimoine est vn des ingrediens lequel a aussi beaucoup de souphre (car il ny a point d'antimoine si pur qu'il ne contienne beaucoup de souphre combustible, comme il sera prouué dans la quatriesme Partie de ce Liure :) il n'est donc pas besoin de mettre tant de souphre auec l'antimoine pour le faire brusler, à cause qu'il en a assez luy-mesme, & partant ie veux escrire ma composition, laquelle ie trouue estre meilleure que la premiere.

Prends vne liure d'antimoine, deux liures de sel nitre, trois onces de souphre, mets le tout en poudre bien meslez ensemble, & en iette deux onces à la fois dans le vaisseau, & il en sortira vn esprit souphreux & acide de l'antimoine, lequel se meslera auec l'eau qui a esté mise auparauant dans le recipient ; la distillation finie tire le hors & le garde dans vn vaisseau bien clos pour ton vsage, c'est vn bon diaphoretique, ou medecine prouoquant la sueur, principalement aux fievres, en la peste, epilepsie & toute autre maladie, la guerison de laquelle doit estre faite par la sueur. La teste morte peut estre sublimée en fleurs dans le fourneau descrit en la premiere Partie.

Esprit de Nitre Tartarisé.

DE la mesme façon on peut distiller du nitre & du tartre ana, vn tres bon esprit qui prouoque la sueur. L'vsage duquel est tres bon pour la peste & autres fieures malignes.

La teste morte est vne bonne poudre pour fondre & reduire les chaux des metaux en corps, ou bien il la faut dissoudre en lieu humide en huille de tartre.

Esprit d'antimoine tartarisé.

VN meilleur esprit peut aussi estre fait du tartre, nitre & antimoine ana, & mis en fine poudre bien meslez ensemble, & quoy qu'il ne soit pas si agreable à prendre, il ne doit pas estre mesprisé : car il ne profite pas seulement en la peste & fievres, mais aussi en toutes les obstructions & corruptions du sang, on s'en peut seruir auec admiration à cause qu'il assiste promptement.

La teste morte peut estre tirée hors & fonduë dans vn creuset, & elle donnera vn regule, l'vsage duquel est descrit dans la quatriesme Partie, des scories on en peut tirer auec l'esprit de vin vne teinture bonne pour beaucoup de maladies. Mais auant que tu fasses l'extraction auec l'esprit de vin, tu en peux tirer vne lessiue rouge auec de l'eau douce, laquelle lessiue est bonne pour oster les taches qui sont sur la peau,

& guerit les galles.

Si tu verses sur cette lessiue du vinaigre ou autre esprit acide, il se precipitera vne poudre laquelle estant edulcoree & seichee, peut seruir à la medecine, elle est appellee par quelques-vns or diaphoretique, mais il n'est pas diaphoretique, mais fait vomir violemment : de sorte qu'en cas de necessité, si tu n'as de meilleure medecine en main, il peut estre donné pour vn vomitif depuis 6. 7. 9 iusqu'a 15. grains.

On peut aussi extraire des scories vn beau souphre auec l'esprit d'vrine, qui s'eleue par l'alambic, lequel est tres bon pour toutes les maladies des poulmons.

Des charbons de pierres.

SI tu mesles des charbons de pierres auec poids égal de salpestre, & les distilles, tu auras vn admirable esprit bon pour l'vsage des enfleures externes, car il nettoye & attire les blesseures ensemble extraordinairement bien. Il en sortira aussi vne vertu metallique en forme d'vne poudre rouge, laquelle doit estre separee de l'esprit, & gardée pour son vsage: mais si tu iettes dedans les charbons tous seuls, & les distilles, il en sortira non seulement vn esprit acide, mais aussi vne huille chaude & rouge comme sang, laquelle desseiche puissamment & guerit tous les vlceres sereux, elle guerit particulierement la teigne mieux que toute autre medecine, elle consume aussi toutes les croissances humides & spongieuses de la peau, en quelque part qu'elles puissent estre : mais si tu sublimes les charbons de pierres, dans le fourneau descrit dans la premiere Partie, il en sort vn esprit acide metallique, auec beaucoup de fleurs noires & legeres, lesquelles estanchent le sang incontinent, & mises dans les emplastres, sont aussi bonnes que les autres fleurs metalliques.

Esprit de nitre ou eau forte sulphurée.

SI tu prends vne partie de souphre, deux parties de nitre, & trois parties de vitriol, & les distilles, tu auras vne eau forte graduatoire, laquelle sent fortement le souphre, le souphre estant rendu volatil par le salpestre & le vitriol, elle est meilleure pour la separation des metaux, que l'eau forte commune.

Si l'argent est mis dedans il deuient noir, mais il n'est pas fixe : si tu en verses vn peu sur l'argent dissout, vne grande partie se precipitera en vne chaux noire qui ne souffre pas l'examen. Tu en peux aussi extraire vn esprit volatil souphreux, lequel a la vertu aussi bien par dedans que par dehors pour les bains, & peut estre mis en vsage de mesme que l'esprit volatil du vitriol & de l'alum.

L'esprit nitreux de l'arsenic.

SI tu prends de l'arsenic blanc, & de pur sel nitre ana broyez en fine poudre, & que tu les distilles, tu auras vn esprit bleu, lequel est tres fort; mais il ne faut point mettre d'eau dans le recipient, autrement il deuiendroit blanc, car l'arsenic, hors duquel le bleu sert, est precipité par l'eau. Cét esprit dissout & graduë le cuiure aussi blanc que l'argent, & le rend malleable, mais il n'est pas fixe. La teste morte rend le cuiure blanc, s'il est cimenté auec, mais fort friable, cassant & non malleable. Or comme quoy on peut tirer de bon argent de l'arsenic auec profit, tu le trouueras dans la quatriesme Partie. Dans la medecine l'esprit bleu sert pour tous vlceres chancreux & rongeans, si on les en oint, il les mortifiera & rendra capables de guerison.

Pour tirer l'esprit du souphre, tartre & nitre.

SI tu prends vne part de souphre, deux parts de tartre, & quatre parties de nitre, & les broyes ensemble philosophiquement, tu auras vn admirable esprit, qui reüssit dans la medecine & dans l'Alchymie. Ie ne conseille personne de le distiller par la retorte, car si ce meslange prend sa chaleur par le bas, il fulmine de mesme que la poudre à canon : mais s'il est allumé par le haut il ne fulmine pas, bruslant seulement comme vn éclair, on s'en peut seruir à fondre, & reduire les metaux.

Pour tirer vn esprit du sel de tartre, du souphre, & du nitre.

PRends vne partie de sel de tartre, vne partie & demie de souphre, & trois parties de nitre, broye les ensemble, & tu auras vne composition, qui fulmine comme l'or fulminant, & de mesme aussi qu'il a esté dit de l'or, elle peut estre distillée en fleurs & esprits, lesquels ne sont pas sans de particulieres vertus & operations: car la corruption d'vne chose est la generation de l'autre.

Pour faire vn esprit de sieure de bois, souphre & nitre.

FAis vn meslange de sieure de bois de tillet vne part, de souphre deux parts, & neuf parts de nitre bien purifié & seiché, iette les peu à peu dans vn vaisseau distillatoire, & il sortira vn esprit acide, lequel est mis en vsage pour l'exterieur: car il nettoye les blesseures sales si tu mesles cette composition auec des mineraux ou metaux mis en fine poudre, & les distilles, il n'en sortira pas seulement vn esprit metallique de grand pouuoir, mais aussi vne bonne quantité de fleurs selon la nature du mineral, qui n'est pas de petite vertu: car les metaux & les mineraux sont detruits & reduits en vne meilleure condition par ce feu prompt &

violent, dont on pourroit escrire beaucoup de choses : mais il n'est pas bon de les reueler. Considere cette Sentence des Philosophes. *Il est impossible de destruire le souphre combustible des chaux sans flame*, ce que fait la fosse de la miniere.

Comme aussi les metaux & mineraux fusibles ne seront pas seulement fondus : mais aussi coupellez dans vn moment sur la table, sur la main, ou dans vne coque d'œuf, par ou l'on peut faire des preuues particulieres des mines & des metaux beaucoup mieux que sur la coupelle, dequoy sera parlé dans la quatriesme Partie de ce Liure. Icy la porte nous est ouuerte pour des choses hautes, si l'entree nous est permise, nous n'auons pas besoin de Liures pour chercher les secrets.

Pour faire des esprits metalilques & fleurs par le moyen du nitre & du linge.

DIssouts les metaux dans leurs propres menstruës, & dans la dissolution, où vne bonne partie du nitre doit estre dissouts, trempe des linges fins dedans & les seiche, tu auras vn metal preparé, lequel peut estre allumé, (cōme la fieure) le souphre superflu estant consumé, la substance mercurialle du metal se manifeste. Et apres la distillation finie tu trouueras vne chaux tres singuliere & bien purifiee, laquelle colore les metaux, comme celle de l'or dore l'argent, celle d'argent, argente le cuiure, & celle de cuiure rend le fer comme s'il estoit cuiure &c. laquelle couleur quoy qu'elle ne porte pas grand profit, neantmoins i'ay creu n'estre pas hors de propos de monstrer la possibilité, & peut estre y a il quelque chose de caché de plus grande importance, ce que tout le monde ne connoist pas,

De la poudre à canon.

IL y auroit beaucoup de choses à dire de cette mauuaise composition & abus diabolique de la poudre à canon: mais d'autant que le monde ne se plaist qu'à épandre le sang innocent, & ne peut endurer le blasme de l'iniustice, i'ay creu qu'il valoit mieux se taire & laisser respondre chacun pour luy-mesme. Le temps viendra qu'il nous faudra rendre cõpte de nos actiõs deuant vn Iuge iuste; & lors on separera les bons des mauuais par celuy qui épreuue les cœurs, de mesme que l'or est affiné des scories, & lors il sera veu ce que les Chrestiens auront esté. Nous en portons tous le nom, mais nos actions ne tesmoignent pas que nous soyons tels, chacun pense estre meilleur que les autres.

L'vn iniurie, condamne, & persecute l'autre iusqu'à la mort. Ce que CHRIST ne nous a pas enseigné, au contraire il nous a commandé exactement de nous aymer l'vn l'autre, sans regarder ny faire difference de celuy qui est bon d'auec le mauuais, comme on a accoustumé de faire par tout en ce temps icy, chacun s'apuyant sur sa reputation, mais l'honneur de Dieu & ses Commandements sont oubliez, mis & foulez sous les pieds, si bien que l'hypocrisie Pharisienne, l'auarice & l'ambition ont preualu. Les Chrestiens n'estant plus reconnoissables par leurs œuures.

Toutes les bonnes coustumes sont tournées en mauuaises, les femmes se changent en hommes, & les hommes en femmes dans leurs façons, ce qui est contraire aux Institutions & Ordonnances de Dieu & de la nature, enfin le monde va de trauers, si Heraclite & Democrite estoient à present dans le monde, ils trouueroient plus que iamais matiere de rire & de pleurer.

Il n'est donc pas merueille, que Dieu ait enuoyé vn si terrible fleau comme est la poudre à canon : & il est croyable que s'il ne nous cause point d'amendement, nous en aurons vn plus épouuentable, sçauoir tonnerres & éclairs tombant des cieux, par lesquels le monde sera tourné sans dessus dessous pour mettre fin à toute vanité, auarice, ambition, tromperie & arrogance.

Cette preparation qui est le plus dangereux poison, la terreur de toute chose viuante, n'est autre chose qu'vn foudre terrestre qui nous annonce la colere & la venuë du Seigneur. Car si CHRIST lors qu'il viendra pour iuger le monde doit venir auec esclairs & tonnerres : peut-estre que ce tonnerre terrestre nous est donné pour nous mettre en memoire, & nous faire craindre le temps qui est à venir. Neantmoins non seulement on n'y prend pas garde, mais on le prepare seulement pour faire du mal, & pour destruire l'homme par vne cruelle & abominable façon, comme chacun le sçait bien.

Car personne ne peut nier qu'il n'y a point de plus subtil poison que la poudre. Il est escrit que le basilic tuë par sa seule veuë les hommes, ce qu'ils peuuent euiter. Et mesme il ne s'en trouue quasi point : mais ce poison se prepare à present par tout.

Combien de fois se rencontre il, que le tonnerre met le feu dans les magasins de poudre, comme estant son semblable : de sorte que tout ce qui est dessus est destruit dans vn moment & emporté en l'air ? comme aussi dans les sieges, lors qu'vne piece est deschargee, ou que quelque mine ioüe, tout ce qui est dessus est soudainement tué & miserablement destruit, quel poison plus subtil peut on inuenter ? ie croy qu'il n'y en a point qui ne reconnoisse cette verité.

Et voyant que les anciens Philosophes & Chymistes ont tousiours esté de cette opinion, que plus le poison est grand, plus il s'en fait vne meilleure medecine, apres qu'il est deliuré du poison. Nous qui sommes leur posterité nous trouuons qu'il est veritable par beaucoup d'experiences, comme nous voyons de l'antimoine, arsenic, mercure, & semblables mineraux, lesquels sont de grands poisons, s'ils ne sont preparez, mais par vne dure preparation ils sont reduits en tres excellents medicaments : & quoy que chacun ne le puisse pas comprendre, ny croire, neantmoins les Chymistes connoissent que la chose est veritable, & la façon de le faire ne leur est pas vne chose nouuelle, & d'autant que ie traitte dans cette seconde Partie des esprits bons pour la medecine, & d'autres excellents medicaments, trouuant que celuy-cy qui est fait de la poudre à canon n'est pas des moindres, ie ne veux pas passer sous silence sa preparation, laquelle se fait ainsi.

Pour faire l'esprit de la poudre à canon.

LE vaisseau distillatoire estant chauffé, & vn grand recipient attaché sans luter, auec bien de l'eau dedans, mets deux escuelles auec de la poudre dedans, 12. ou 15. grains dans chacune, l'vne apres l'autre, de la mesme façon qu'il a esté monstré cy-deuant auec l'or. Car si tu en mets trop à la fois, il en naistra trop de vent, qui rompra le recipient.

Incontinent que tu l'as mis dans le vaisseau ferme la porte: la poudre prendra feu, & donnera vn tel coup qu'elle fera trébler le recipient & vne humidité viendra dans le recipient. Incontinent que la poudre est bruslée, il en faut ietter d'auantage dedans, auant que l'humidité soit rassise, autrement il faudroit trop de temps pour la distillation; continuant comme cela tant que tu ayes assez d'esprit. Alors laisse éteindre le feu, & refroidir le fourneau, puis oste le recipient & verse hors l'esprit, & l'eau qui a esté mise dedans auparauant (les fleurs estant premierement bien lauées) dans vne cucurbite de verre, pour estre rectifiee au M B. par l'alambic, & il en sortira vne eau qui aura l'odeur & le goust du souphre, laquelle tu garderas, & dans le verre tu trouueras vn sel blanc, lequel tu garderas aussi dans vn verre. Prends la teste morte qui a resté dans le vaisseau distillatoire, qui est comme vn sel gris, calcine-le dans vn creuset couuert tant qu'il soit blanc, mais sans qu'il se fonde; & sur ce sel calciné verse ton eau puante, qui est sortie par l'alambic, & dissout ledit sel blanc calciné auec, & iette les feces qui ne se dissoudront pas, filtre la solution, & la mets sur le sel blanc, qui a resté dans le verre, duquel l'esprit souphreux a esté extrait auparauant, mets le verre auec son alambic luté sur le sable, & en extraits l'eau souphreuse, laquelle sera iaunastre, sentant plus le souphre qu'elle ne faisoit auparauant, si cette eau est extraite plusieurs fois sur le sel, elle deuiendra blanche presque semblable au lait, n'ayant plus le goust du souphre, mais elle sera douce & plaisante, elle est bonne pour les maladies des poulmons, comme aussi elle dore l'argent : mais non pas d'vne couleur fixe. Par la digestion elle peut estre reduite en vne meilleure medecine.

Le sel qui reste dans le verre doit auoir feu violent, tel qu'il rougisse le sable, afin que le verre demeure bien rouge, & il se sublimera vn sel blanc dans l'alambic qui a presque le goust du sel armoniac, mais au milieu du verre, tu en trouueras vn autre qui est iaunastre, ayant vn goust mineral, & tres chaud sur la langue.

Le sel sublimé aussi bien que celuy qui est descendu dans l'alambic, comme aussi le iaune qui a resté dans le corps du verre, sont bons pour la peste, fievres malignes & autres maladies, ou la sueur est requise, car ils prouoquent grandement la sueur, ils confortent & nettoyent l'estomac, & quelquefois causent des selles fort doucement.

Ils sont bons aussi pour l'vsage de l'Alchymie, dont il n'est pas à propos de parler en cét endroit.

Sur le sel qui a resté & qui n'a pas sublimé tu verseras de l'eau de pluye, & la dissoudras dans le verre s'il n'est point rompu : mais s'il est rompu, tire hors le sel tout seç, & le dissous, filtre & coagule, & il se separera beaucoup de feces. Ce sel purifié sera iaunastre : fonds le dans vn creuset couuert, & il deuiendra rouge comme sang, & aussi chaud que le feu sur la langue, lequel tu dissoudras derechef auec nouuelle eau, filtreras & coaguleras, par laquelle operation il sera plus pur & plus net, & la solution sera entierement verte auparauant qu'elle soit coagulee, & aussi chaude & bruslante que le sel rouge estoit auant la dissolution.

Cette dissolution verte estant coagulée derechef en vn sel rouge & bruslant, il peut estre derechef fondu dans vn creuset neuf & fort, & il sera plus rouge & plus bruslant.

Cela est admirable, que lors qu'on le fonds il s'en fait beaucoup d'estincelles de feu, lesquelles ne s'allument point & ne prennent point feu, comme d'autres estincelles de charbon ou de bois ont accoustumé de faire, ce sel rouge bien purifié estant mis en lieu humide, se dissout en vne huille rouge comme sang, laquelle dissout l'or par la digestion, & laisse l'argent : cette dissolution peut estre coagulee & gardee pour l'Alchimie.

On en peut aussi extraire vne teinture precieuse auec de l'esprit de vin alcolisé, laquelle teinture dore l'argent, mais non fixement.

Et pour l'vsage de la medecine, elle doit estre gardee comme vn grand thresor : mais si le sel rouge bruslant est extrait auec l'esprit de vin auparauant que l'or y soit dissout, il donnera aussi vne belle teinture rouge, mais elle n'est pas si bonne pour la medecine comme celle ou l'or a esté dissout, & cette teinture peut aussi seruir à l'Alchimie, ce qui n'est pas propre à ce lieu : d'autant que nous ne traittons que des medicaments.

L'vsage de la Medecine par la teinture de la poudre à canon.

CEtte teinture, soit qu'elle soit auec de l'or ou sans or, estant faite du sel rouge est vne des principales que ie connoisse, si tu trauailles droittement & la prepares bien : car elle purifie & nettoye le sang extraordinairement, & prouoque grandement les sueurs & les vrines; de sorte qu'elle peut estre mise en vsage auec bon succez en la peste, fievres, epilepsie, scorbut, melancollie hypocondriaque, goutte, pierre, & autres semblables, comme aussi pour toutes les obstructions de la rate & du foye, en toutes les maladies des poulmons : c'est vne chose admirable que d'vne chose si mauuaise on en puisse preparer vne si bonne Medecine. C'est pourquoy il seroit beaucoup meilleur d'en preparer de bons medicaments pour remettre les pauures malades en santé, que de s'en seruir pour destruire ceux qui sont sains & gaillards.

Ie connois vn Chymique qui a despencé beaucoup, & a esté long-temps à chercher ce veneneux dragon, croyant d'en faire la medecine vniuerselle, ou pierre des Philosophes, principalement lors qu'il voyoit tant de diuers changemens de couleurs, desquelles les Philosophes font mention, lors qu'ils escriuent de leur medecine & de sa preparation, tels que sont le sang de dragon, lait virginal, lion verd & rouge, noir plus noir que le noir, blanc plus blanc que le blanc, & tant d'autres qu'il n'est pas necessaire de descrire. Ce qui peut aisement persuader vn homme credule comme il l'auoit esté : mais apres il trouua que ce suiet auquel il se confioit si fort estoit lepreux, & n'estoit pas assez pur, & qu'il estoit impossible d'en faire la pierre teingeante, afin d'exalter les hommes & les metaux, de sorte qu'il fut bien aise de se contenter d'vne bonne medecine particuliere, & de remettre le reste à Dieu.

C'est assez parlé de ce veneneux dragon, la poudre à canon : mais ie ne veux pas nier qu'il y ait vn autre dragon & plus pur, duquel les Philosophes parlent si souuent. Car la Nature est grandement riche, & nous peut reueler beaucoup de secrets par la permission de Dieu: mais à cause que nous ne visons qu'à auoir de grands honneurs & richesses, & que nous negligeons les pauures, il est bien raison que telles choses demeurent cachees aux mauuais & aux impies.

L'esprit & fleurs du nitre & des charbons.

DIstille le nitre bien purifié de son sel superflu, mesle auec de bons charbons, l'oiseau solaire Egyptien se bruslera, & hors de luy sortira vne eau singuliere, tres bonne pour l'vsage des hommes & des metaux. Ces cendres bruslees sont semblables au tartre calciné, qui n'est pas à mespriser pour la purgation des metaux.

Pour faire les fleurs & esprits des pierres, cristal ou sable, y adioustant des charbons & salpestre ensemble.

PRends vne partie de pierre ou sable, trois parties de charbons de tillet & six parties de bon nitre, mesle-les bien ensemble, & les iette dedans, & le souphre combustible des

pierres

pierres s'allumera par le feu violent du salpestre, & fera vne separation, en emportant vne partie auec luy, laquelle se changera en esprit & en fleurs, qu'il faut separer par le filtre, l'esprit a le mesme goust que s'il auoit esté fait auec le sel de tartre & auec des pierres, il a les mesmes vertus & qualitez : la teste morte donne vne huille ou liqueur semblable en tout à celle qui se fait de sel de tartre & de sable, c'est pourquoy il n'est pas necessaire de descrire icy ses vertus, mais tu le trouueras lors que ie traiteray de l'esprit fait de sel de tartre & pierres.

Pour faire vn esprit & huile de talc & salpestre.

PRens vne partie de talc en fine poudre, trois parties de bois de tillet, & les mesle auec cinq ou six parties de bon nitre, iette de ce meslange vne cueilleree apres l'autre, & il en sortira vn esprit, & vn peu de fleurs, lesquels il faut separer, comme a esté dit concernant les pierres.

Cét esprit n'est pas different de celuy du sable : la teste morte qui est grisastre doit estre mise dans vn creuset pour la faire fondre, puis la verser hors, & tu auras vne masse blanche & transparante, de mesme que celle des pierres ou de cristal, elle se dissout dans vn lieu froid & humide en vne liqueur plus grasse à l'attouchement que l'huille de pierres, elle est en quelque façon piquante comme l'huile de tartre, elle nettoye la peau, cheueux & ongles, & les rend blancs ; on se peut seruir de l'esprit au dedans pour prouoquer la sueur & vrine : exterieurement il nettoye les blesseures, & guerit toute sorte de galle. Ie ne sçay pas ce qui s'en peut faire d'auantage, mais il sera dit dans la quatriéme Partie comme quoy le talc, pierres & semblables choses pierreuses peuuent estre menées à ce point, qu'elles puissent estre dissoutes auec l'esprit de vin, & reduites en bons medicaments.

Pour faire vn esprit, fleurs, & huile de l'estain.

MEsle deux parties de limaille d'estain, auec vne partie de bon nitre, & les iette dedans, comme il a esté dit des autres choses, alors le souphre de l'estain allumera le sel nitre, & fera vne flame, comme s'il estoit fait auec du souphre commun, par où la separation est faite, de sorte qu'vne partie de l'estain sort en fleurs & en esprit, & le reste demeure dedans, si tu en tires la teste morte, & que tu l'exposes en lieu humide, vne partie s'en ira en vne liqueur ou huile, laquelle peut seruir exterieurement auec bon succez pour nettoyer tous les vlceres. Elle a aussi la vertu, estant deuëment appliquee, de graduer & exalter extraordinairément toutes les couleurs des vegetaux & des animaux, ce qui est excellent pour l'vsage des teintures, l'esprit prouoque grandement la sueur : les fleurs estant edulcorées & mises dans les emplastres, desseichent & guerissent fort promptement.

Pour faire vn esprit, fleurs, & huile du zeinc.

TV peux trauailler sur le zein de la mesme façon qu'il a esté dit de l'estain, & il donnera vne bonne quantité de fleurs, comme aussi vn esprit & huille qui ont presque les mesmes vertus que ceux de l'estain : ces fleurs corrigees auec le nitre, sont meilleures que celles dont il est parlé dans la premiere Partie de ce Liure.

Pour faire vn esprit, fleurs, & huile, de la pierre calamine.

MEsle deux parties de nitre, auec vne partie de pierre calamine, & les iette dedans, & il en sortira vn esprit acide, bon pour la separation des metaux, & aussi quelque peu de fleurs iaunes. Le reste demeure dedans en vne masse verte obscure, laquelle est comme vn feu sur la langue, comme le sel de tartre, & si elle est dissoute auec eau de pluye, elle donne vne solution de couleur verte d'herbe, laquelle si elle n'est promptement coagulée en sel, la verdeur se separe elle mesme du sel nitre, & il tombe en bas vne poudre rouge tres fine, laquelle estant edulcoree & seichee, & donnee depuis vn grain iusqu'à dix ou douze, fait vomir & aller à la selle doucemẽt, mieux que l'antimoine preparé : car la pierre calamine & le zein sont de nature d'or, comme il sera prouué dans la quatriesme Partie : la lessiue blanche ou lie, d'où le verd s'est precipité, doit estre coagulée en vn sel blanc, semblable au sel de tartre; mais si tu coagules la solution verte, auparauant que le verd soit separé du nitre, alors tu auras vn tres beau sel verd, haut en couleur & plus bruslant ou acre que le sel de tartre, duquel on peut faire de bonnes choses dans l'Alchymie, ce qui n'est pas de ce lieu. Et si tu desires de faire ce sel verd pour l'vsage de l'Alchymie, tu n'as pas besoin de tant de peine, comme de distiller vn esprit hors du meslange, mais prend trois ou quatre parties de bon nitre, & le mesle auec vne partie de pierre calamine, & laisse boüillir ce meslange ensemble dans vn four à vent, tant que le nitre soit coloré en verd par la pierre calamine, alors verse le hors, & separe ce sel verd doré, & t'en sers aux choses ausquelles tu le iugeras propre.

Mais si tu veux extraire vne bonne teinture & medecine, mets le en poudre, & en faits extraction auec esprit de vin, & il donnera vne teinture rouge comme sang, bonne pour la medecine & Alchymie.

De plus, sçache que de tous les metaux & mineraux, que ie connois, excepté l'or & l'argent, il n'y en a point hors desquels il se puisse extraire vne verdeur qui soit à l'espreuue du feu, que de la seule pierre calamine, ce qui merite d'estre bien consideré.

Pour faire vn esprit de nitre, souphre, & sel commun.

PRends vne partie de sel, deux parties de souphre, & quatre parties de nitre, broye le tout ensemble, & en iette vne cueilleree apres l'autre, & il en sortira vn esprit acide iaune, lequel s'il est meslé auec de l'eau commune, de sorte que l'eau ne soit pas renduë trop acide ou aigre, c'est vn fort bon bain pour beaucoup de maladies : il guerit principalement & promptement toutes galles. La teste morte peut aussi estre dissoute en eau pour les bains, mais l'esprit est meilleur & opere plus promptement dans la contraction des membres, & autres deffauts des nerfs, de cette sorte de bains il en sera parlé plus amplement dans la troisiéme Partie, le sel iaune & fixe qui reste, est bon pour l'vsage de l'Alchymie : car il graduë en quelque façon l'argent par le ciment.

Pour tirer l'esprit, fleurs, & huile du nitre & regule de Mars.

PRends vne partie de regule de Mars estoilé, fait d'vne partie de fer ou acier, & trois parties d'antimoine, la preparation duquel est dans la quatriesme Partie, & trois parties de pur nitre, mesle & broye le tout ensemble, & le iette peu à peu pour distiller, & il sortira ensemble vn esprit & vn sublimé blanc, lequel doit estre separé auec eau, comme il a esté monstré cy-deuãt pour les autres fleurs, & tous les deux, l'esprit & les fleurs sont bons pour prouoquer la sueur.

La teste morte restante, comme on l'appelle communnement, n'est pas morte, mais est pleine de vie & de vertu : car elle peut faire de bonnes choses dans la medecine & Alchymie comme s'ensuit. La masse restante qui sera blanche si le regule est pur autrement elle est iaunastre, & est acre & bruslante, elle doit estre dulcifiée auec eau commune, & rendra vne lessiue auec l'eau douce semblable au tartre calciné, mais plus acre & plus pur, qui peut presque seruir à toutes les operations au lieu de sel de tartre (mais il faut que le regule soit premierement precipité auec eau) & apres on le peut coaguler en sel, & le garder pour son vsage, l'antimoine precipité & edulcoré par l'eau est vne poudre blanche & subtile tres bonne pour la peste, fieures, & autres maladies où il est besoin de sudorifiques, & quoy qu'il excite le vomissement, lors qu'il est donné en trop grande quantité il n'est pourtant pas à craindre. Et pource qu'il n'a point de goust & qu'il est insipide, il peut estre facilement pris. On le donne aux enfans depuis 3. 4. iusqu'à 12. grains : aux plus aduancez en aage depuis ℈ß. iusqu'à ʒß. il trauaille heureusement en toutes les maladies qui õt besoin de diaphoretiques. Cét ãtimoine diaphoretique peut aussi estre fondu & reduit en verre, lequel apres peut estre extrait & dissout par l'esprit de sel, & estre employé à diuers bons medicaments, si on vouloit descrire au long tout ce qui peut estre fait par son moyen, il faudroit trop de temps. La lessiue estant coagulee est doüee de vertus merueilleuses & incroyables; de façon que si on les vouloit descrire, il seroit presque impossible qu'aucune personne le voulust croire, à cause qu'elle est faite d'vnè matiere si vile & abiecte, & de si peu de frais, & à la verité la vie de l'homme est trop courte pour pouuoir trouuer par experience tout ce qui est en elle, & ce seroit vne grande folie de le reueler, c'est pourquoy il est meilleur de garder le secret, Basile Valentin fait mention de cecy en son chariot de triomphe, où il parle du signe estoillé, ou regule estoillé, ce que peu de gens remarquent. Paracelse aussi par cy parlà dans ces Liures sous le voile de quelque autre chose en parle souuent; les Philosophes n'ont point parlé clairement de la preparation & vsage à cause des ingrats, mais en faueur des personnes honnestes, il en sera icy fait mention.

Auparauant que tu edulcores le regule, fait par sublimation, tu en peux extraire vne bonne teinture medecinale auec l'esprit de vin, & si tu le dissouts auec l'esprit de sel, il s'en fera vn tale folié semblable au mineral, duquel on peut faire vne liqueur, laquelle colore la peau, & la rend tres blanche; mais si cette chaux d'antimoine auparauant qu'on en fasse l'extraction auec l'esprit de vin, ou qu'on la dissolue auec l'esprit de sel, est mise en fine poudre & exposée à l'air humide, elle se dissoudra en vne liqueur grasse, laquelle quoy qu'elle soit acre, neantmoins n'endommage point le cuir, si on s'en sert auec discretion, au contraire elle embellit & nettoye plus que toute autre chose, & fait le mesme aux cheueux & ongles, toutesfois quand on s'en sert il faut tout incontinent apres l'auoir appliquée la lauer auec de l'eau, autrement elle n'emporteroit pas seulement le cuir grossier: mais elle offenseroit le cuir tendre & delicat. C'est pourquoy ie t'en aduertis, afin que tu t'en serues discretement, car il te pourroit arriuer ce que le vieux Prouerbe dit, qu'on se peut faire du mal auec ce qui est bon de soy. Si tu en mesles vn peu auec de l'eau chaude en forme de bain, tout le cuir de tout le corps se pelera, de sorte qu'il semblera que tu sois rajeuny. Le mesme bain est aussi tres bon pour beaucoup de maladies, car il ouure les pores extremement, mondifie, & nettoye le sang par tout le corps, en tirant hors les humeurs vitieuses, & par consequent fortifie l'homme & le rend leger & fort, estant premierement purgé auant le bain. Il sert aux melancoliques, au scorbut, à la lepre, particulierement si l'on vse outre cela de la teinture rouge qui en est extraite par l'esprit de vin, le mesme bain profite à ceux qui ont des cors aux pieds & autres excroissances & durillons aux ongles qui coupent la chair, lesquelles choses sont ramolies par ce bain, comme cire, en sorte que tu les peux couper, car il n'y a rien sous le Soleil qui puisse mieux ramolir la dureté du cuir, des cheueux, ongles & autres excroissances, que cette huile & cecy soit dit en faueur de ceux qui sont tourmentez de telles excroissances, car i'en connois qui en sont si incommodez, qu'ils n'osent mettre leurs pieds dans les souliers, mais si tu coagules ladite huile en sel, & la fonds dans vn creuset, & la verses dans vn vaisseau d'airain qui soit plat, afin qu'il se dilate & se puisse mettre en morceaux, c'est vn des meilleurs caustiques pour ouurir le cuir où il est necessaire, si tu dissouts du tartre crud en iceluy & le coagules derechef, tu auras vn sel qui sert à plusieurs operations Chimiques, duquel on peut extraire auec l'esprit de vin vne teinture rouge comme sang, excellente aux obstructions.

Aussi tout souphre combustible se dissout aisement en iceluy, lequel meslé auec les bains fait des merueilles, si on cuit en iceluy aucunes huiles des aromats en les faisant boüillir, alors l'huile se dissoudra, & de tout il s'en fera vn baume qui se mesle auec l'eau & se prend par dedans pour certains maux : il est interdit aux femmes grosses, car il les feroit auorter, mais apres l'accouchement il est bon pour mettre hors l'arrierefais & autres superfluitez, que si tu fais bouillir & cuire l'huile de bois de roses, ou cette liqueur auec eau rose aussi long temps que l'huile s'incorpore auec la liqueur & eau, l'aquosité estant separée tu auras vn sauon aussi blanc que neige, bon pour blanchir les mains, qui est de tres bõne odeur, qui fortifie le cerueau, mondifie & nettoye la teste & cheueux, si on se laue la teste d'iceluy, ce sauon peut estre distillé, & il en sortira vne huile tres penetrante & tres vtile pour les nerfs.

Et comme cette liqueur de regule d'antimoine ramolit parfaitement le cuir, cheueux, ongles, plumes, & cornes, aussi il a le mesme pouuoir de dissoudre non seulement les metaux, mais encore les plus dures pierres, non pas comme il est dit cy-dessus du souphre en boüillant, mais par vne autre voye de laquelle nous ne traiterons point icy. Auec l'esprit de sel, ou auec le vinaigre distillé on dissout le nitre fixe ignée, & on le sublime en terre foliee pour l'vsage auquel elle est destinée, nous n'en parlerons point en ce lieu, ce sera peut estre en quelque autre endroit.

Pour distiller vn beurre d'antimoine, sel & vitriol, semblable à celuy qui est fait auec l'antimoine & mercure sublimé.

PRends vne part d'antimoine crud, deux parts de sel commun, & quatre parts de vitriol calciné au blanc, mets le tout en poudre & le mesle bien, & en iette dedans comme a esté dit des autres matieres : & il en sortira vne huile d'antimoine espaisse comme beurre, laquelle peut estre rectifiée comme les autres huilles qui sont faites par la voye commune auec le mercure sublimé. Elle a la mesme vertu & vsage, lequel tu peux voir dans la premiere Partie. Le mesme peut aussi estre fait, & beaucoup mieux & en plus grande quantité dans le premier Fourneau, & auec moins de charbons, & de temps, par le moyen d'vn feu ouuert, d'autant qu'il endure vne plus grande chaleur que le second Fourneau.

Pour distiller le beurre d'arsenic, & orpiment.

DE la mesme façon qu'il a esté dit de l'antimoine, il peut estre tiré hors de l'arsenic & orpiment, meslé auec sel & vitriol, vne huile espaisse par distillation, laquelle n'est pas seulement bonne pour le dehors, mais aussi peut estre doucement prise par dedans. Elle peut tellement estre corrigee qu'elle n'est nullement inferieure en vertu au beurre d'antimoine, au contraire elle est meilleure, ce qui peut estre semblera impossible à plusieurs. Mais celuy qui connoist la nature & qualité des mineraux, ne s'estonnera pas de mes paroles, lesquelles luy seruiront de flambeau dans vn lieu obscur.

Pour faire vn rare esprit de vitriol.

DIssouts le vitriol commun en eau, & le fais boüillir dedans du zein en grenaille, tout le metal & le souphre contenu dans le vitriol se precipiteront sur le zein, & la solution deuiendra blanche, La matiere precipitée n'est autre chose que fer, cuiure, & souphre, contenus dans le sel du vitriol qui sont attirez : la raison pourquoy le metal se precipite hors du sel sur le zein, appartient à la quatriesme Partie, là où tu la trouueras suffisamment expliquée, la solution blanche d'où la matiere metallique a esté precipitee, doit estre coagulee en sel, pour en tirer par elle mesme vn esprit, lequel sort aisement, & dans son goust & vertu n'est pas dissemblable à l'huile commune de vitriol, mais seulement il est vn peu plus pur.

Icy peut estre quelqu'vn me fera cette obiection, que le vitriol est priué de sa verdeur, laquelle Paracelse veut estre conseruée. A quoy ie responds, que ie n'enseigne pas icy à faire l'huile rouge & douce de vitriol, dont Paracelse a escrit : mais seulement l'huille blanche acide de vitriol, qui est faite du vitriol commun impur. A quoy seruiroit-il de distiller le vitriol verd, veu que sa verdeur ne peut pas estre extraite par le feu ? Et quand elle le seroit, en quoy seroit cette huile meilleure que la blanche ? car le verd dans le vitriol commun n'est autre chose que cuiure & fer, dissouts par l'eau salée passant au trauers des minieres : incontinent que ce vitriol verd sent le feu il deuient rouge, n'estant autre chose que du fer & cuiure calcinez, ce qui se trouue manifeste dans la reduction ou fonte par vn feu violent.

Paracelse ne nous a point enseigné d'extraire la verdeur par la violence du feu en vne huile douce & rouge : mais il nous a monstré vne autre voye, laquelle est connuë de peu, dont il a esté fait mention au commencement de cette seconde Partie.

Cét esprit ou huile acide, qui est distillé du vitriol purifié a vne aigreur fort agreable, & sert au mesme vsage que celuy du vitriol descrit cy-deuant. Et ce procedé n'est escrit à autre fin que pour faire voir que lors que le vitriol est purifié, il est plus aisement distillé, & donne vn esprit plus agreable que s'il est crud & impur.

Cette purification de vitriol n'est autre chose qu'vne precipitation de metal, que l'eau, comme a esté dit cy-deuant, prend en passant par les veines ou mines ce qui se prouue ainsi. Dissouts tel metal que tu voudras dans son propre menstruë, soit par vn esprit acide distillé ou par des sels acres, luy adioustant de l'eau commune, ou bien par le feu dans vn creuset, comme il te plaira, & alors mets dans cette dissolution vn autre metal, tel que le dissoluant puisse promptement agir dessus, & tu verras par experience que le dissoluant quitte le premier, & se ioint à l'autre qui luy est plus amy. Dequoy nous parlerons plus amplement en la quatriesme Partie.

C'est encore icy vne chose digne de remarque, que parmy tous les metaux il n'y en a point de plus aisée dissolution que le zein : c'est pourquoy tous les autres metaux, aussi bien par la voye seiche que l'humide peuuent estre precipitez par là, & reduits en chaux legere, de façon que la chaux d'or ou d'argent precipitee de cette maniere, si tu y procedes bien, retient sa splendeur & clarté, & est semblable à vne fine poudre propre à escrire auec la plume.

Pour faire vn esprit & agreable huile de zein.

D'Autant que i'ay fait icy mention du zein, i'ay trouué à propos de n'obmettre pas qu'il s'en peut faire vn esprit penetrant & vne huile profitable par le moyen du vinaigre, ce qui se fait ainsi. Prends vne part des fleurs desquelles a esté parlé en la premiere partie, & les mets dans vn verre propre pour la digestion, & verse dessus huit ou dix parts de bon vinaigre de miel, & à son deffaut serts toy du vinaigre de vin, & mets le verre, fleurs & vinaigre en vn lieu chaud pour dissoudre, la dissolution estant faite verse le clair qui est teint en iaune, & apres l'auoir filtré extraits en le flegme, & il te restera vne liqueur ou baume rouge, laquelle tu mesleras auec du sable bien bruslé, & la distilleras, & il en sortira premierement vn flegme insipide, apres vn esprit subtil, & à la fin vne huile iaune & rouge, laquelle doit estre gardee separément, comme vn grand thresor pour la guerison prompte des blesseures. L'esprit n'est pas inferieur à l'huile, non seulement pour l'vsage interne, & pour prouoquer la sueur, mais aussi exterieurement pour esteindre toutes inflamations, & sans doute cet esprit & cette huile ont d'autres qualitez, mais d'autant que mon experience n'est pas allee plus auant, ie n'en veux pas escrire, ie laisse aux autres à en faire les experiences.

Pour distiller vn esprit & huile de Saturne ou Plomb.

DE la mesme façon qu'il a esté dit du zein, on peut aussi distiller du plomb vn esprit subtil & vne huile douce qui se fait ainsi. Verse du vinaigre tres fort sur du minium, ou autre chaux de plomb, faite sans addition & non auec souphre, laisse le digerer & dissoudre sur le sable ou cendres chaudes, tant que le vinaigre soit teint de couleur iaune par le plomb, & deuenu doux, alors verse la solution & d'autre vinaigre dessus, & le laisse dissoudre, reïterant cela tant que le vinaigre ne se teigne plus & ne deuienne plus doux, alors mesle toutes tes dissolutions, & leur oste l'humidité, & il te restera au fond vne liqueur iaune & douce comme du miel, si le vinaigre n'estoit pas distillé, mais s'il estoit distillé & clair, alors il ne restera pas en liqueur, mais en vn sel blanc & doux. Cette liqueur ou sel peut estre distillée de la mesme façon qu'il a esté dit du zein, & il en sortira vn esprit subtil & vne huile iaune, qui ne sera pas en quantité, ayant les mesmes vertus & vsages que le susdit esprit & huile de zein.

Il faut bien obseruer, que pour faire cet esprit & huile, tu n'as pas besoin de vinaigre distillé, car ils peuuent estre faits aussi aisement auec le vinaigre commun. Que si tu desires auoir vn sel blanc & clair, alors le vinaigre doit estre distillé, autrement il ne se tourne point en cristaux, mais demeure en vne liqueur iaune & espaisse comme miel. Il n'est pas aussi necessaire de faire la dissolution dans des verres, & par la digestion continuer vn long-temps: car elle se peut faire dans vn pot de terre verny, sçauoir en versant le vinaigre sur le minium dans ledit pot, & le faisant bouillir à feu de charbon: & tu ne dois point craindre qu'aucune chose du vinaigre s'euapore, à cause que le plomb garde tous les esprits, & laisse seulement euaporer le flegme. Il faut que tu remuës continuellement le plomb auec vne spatule de bois, autrement il se tourneroit en vne masse dure comme pierre, & ne se dissoudroit pas: la mesme chose aussi peut estre faite dans des verres, & par cette voye la solution peut estre faite en trois ou quatre heures, & puis qu'il n'y a point de difference entre ces deux sortes de solution, il faut preferer la plus courte à la plus longue.

Si tu veux auoir cét esprit & huile auec plus de vertu, il te faut mesler ℥ de tartre crud en fine poudre auec vne liure de plomb dissout & purifié, & comme cela le distiller de la mesme façon que tu le distilles par luy mesme, & tu auras vn esprit plus subtil & vne meilleure huile que s'il auoit esté distillé tout seul.

Pour

Pour distiller vn esprit subtil & vne huile du tartre crud.

PLusieurs s'imaginent que c'est peu de chose, que de distiller vn esprit du tartre crud, supposant que pourueu qu'ils mettent du tartre dans vne retorte, & y ioignent vn recipient, & que par vn feu violent ils en tirent vne eau, ils ont reüssi : sans songer, qu'au lieu d'en tirer vn esprit subtil & agreable, ils n'en tirent qu'vn vinaigre puant, ou vn flegme : l'esprit agreable s'en estant allé, ce que quelques Operateurs soigneux ayant apperceu, ont eu soin d'auoir de grands recipiens, croyant retenir l'esprit par ce moyen : mais la distillation faite, ayant pesé leurs esprits auec tout le reste, ils ont trouué qu'ils auoient beaucoup perdu : c'est pourquoy ils ont supposé qu'il estoit impossible d'auoir tous les esprits sans en perdre, & à la verité il est difficile de le faire autrement par la retorte : car quoy que tu appliques vn grand recipient à vne petite retorte, qu'il n'y ait aussi qu'vn peu de tartre dedans, que les iointures soient bien lutees, de sorte que rien ne passe au trauers, & que tu fasses aussi le feu fort petit, esperant d'auoir l'esprit par cette voye, neantmoins pour tout cela tu ne sçaurois empescher qu'il ne s'en perde, d'autant qu'à la fin la retorte commençant à s'eschauffer, & l'huile noire sortant, alors les esprits subtils sortiront, autrement ils passeront au trauers des iointures, ou bien rompront la retorte & le recipient, à cause qu'ils sortent en abondance, & auec grand force, & ne se condensent pas aisement : C'est pourquoy ie veux descrire ma façon pour tirer cét excellent & tres profitable esprit.

La preparation & vsage de l'esprit de tartre.

PRens de bon tartre crud, blanc ou rouge il n'importe, mets le en fine poudre, & lors que le vaisseau est rouge, iette en dedans auec vne cueillere de fer vne demy once à la fois seulement, & incontinent que les esprits seront sortis & rassis, iette dedans vne autre demy once, continuant comme cela tant que tu ayes assez d'esprits, alors prens ce qui reste dedans, & qui est noir, calcine le bien dans vn creuset, & le mets dans vne retorte de verre, verse l'esprit & huile noire qui en sont sortis par dessus, & les distille au sable à feu doux au commencement ; lors les esprits subtils sortiront puis le flegme, & sur la fin vn vinaigre acide ensemble auec l'huile, lesquels tu peux auoir chacun separement, mais si tu desires d'auoir l'esprit subtil qui est sorty le premier plus penetrant, alors tu prendras la teste morte qui reste dans la retorte, & la rougiras dans vn creuset pour en extraire l'esprit encore vne fois. Le tartre calciné gardera tout le flegme, & il n'en sortira que l'esprit subtil d'vne qualité tres penetrante, lequel pris depuis demy dragme iusqu'à vne once dans du vin ou autre liqueur prouoque de promptes & fortes sueurs; & c'est vne puissante medecine en toutes obstructions, tres approuuee & souuent experimentee en la peste, fieures malignes, scorbut, melancolie hipocondriaque, colique, contraction, epilesie, & semblables maladies : & en beaucoup d'autres procedant d'vn sang corrompu, lesquelles auec l'aide de Dieu en seront heureusement gueries.

Le flegme ne sert de rien & peut estre ietté, le vinaigre nettoye les blesseures : l'huile soulage les enfleures & douleurs, guerit la galle, les nodus, & autres excroissances qui viennent sur la peau, si on s'en sert bien à propos.

Si l'huile noire & puante est rectifiee auec la teste morte calcinee, elle sera claire & subtile, n'allegeant pas seulement les douleurs de la goutte, mais aussi resoudant & detruisant la grauelle coagulee aux reins, si on l'applique cõme vn emplastre ou onguent. De mesme façon elle resoudra le tartre coagulé aux mains, aux genoux, & aux pieds. Dans cette huile est caché vn sel volatil de tres grande vertu, mais si tu en desires voir l'experience, verse sur cette huile puante & noire vn esprit acide, comme l'esprit de sel commun, ou de vitriol, ou de nitre ou seulement du vinaigre distillé, elle deuiendra chaude & fera vne ebullition comme si on auoit versé de l'eau forte sur du sel de tartre, l'esprit acide sera mortifié par là, & se tournera en sel. Cette huile bien purifiee dissout & tire le tartre hors des iointures, s'il n'est partuenu à vne substance dure & pierreuse : de mesme que le sauon nettoye la saleté des draps, ou pour le mieux comparer, de mesme que le semblable attire son semblable, & ils sont aisement meslez, au contraire il n'y a rien qui se mesle à vn autre sans auoir de l'afinité auec luy. Comme si tu veux te seruir de l'eau pour oster la poix du drap, tu n'en viendras iamais à bout à cause de sa contraire nature : car l'eau commune n'a point d'afinité auec la poix ou autres choses grasses, & ne se meslera iamais auec elles sans vn mediateur, qui participe des deux natures, sçauoir de la nature de la poix, & de la nature de l'eau, comme sont les sels soulphreux, & les sels nitreux, soit fixes ou volatils.

Ce que tu peux remarquer en ceux qui font le sauon, lesquels par le moyen des sels souphreux, incorporent l'eau auec les choses grasses, comme les graisses & les huiles. Mais si tu prends de l'huile chaude ou autre substance grasse, & la mets sur la poix ou resine, alors l'huile l'accepte & se ioint aisement auec son semblable, & comme cela la poix est dissoute & s'en va hors du drap, la graisse restante & l'huile peuuent estre ostez du drap auec la lie du sauon & eau commune, & comme cela le drap recouure sa premiere beauté & pureté. Ce qui se fait auec les choses souphreuses, se fait aussi auec les choses mercuriales : par exemple, si tu veux oster le sel du poisson sallé auec vne lessiue, tu ne reüssiras pas, à cause que les sels nitreux & acides sont de contraire nature.

Mais si tu verses sur le poisson sallé de l'eau

meslee auec vn peu de ce sel auec lequel le poisson a esté sallé : l'eau salee tirera le sel hors du poisson, comme estant son semblable, beaucoup mieux que l'eau douce, dans laquelle il n'y ait point de sel.

De la mesme façon toutes les choses dures, comme les pierres & les metaux, peuuent estre iointes & vnies auec l'eau, dequoy il est parlé plus amplemẽt dans mes autres Liures, & qu'il n'est pas necessaire de repeter icy, ie ne l'ay dit que pour faire voir, que tousiours le semblable doit estre tiré auec son semblable. Il est vray qu'vn contraire en mortifie vn autre, & en oste la corrosiuité, par ce moyen les douleurs se passent pour vn temps, mais la cause de la maladie n'est pas ostée.

Icy on me peut obiecter, que ie fais difference entre les sels souphreux & mercuriaux, là où on ne sçauroit voir auparauant ny souphre ny mercure. Ie responds que celuy qui n'entend ny ne connoist la nature des sels, n'est pas capable de le conceuoir : & ie n'ay pas à present le temps d'en faire le demonstration, mais cela est monstré au long dans mon Liure de la Nature des sels, car il y en a qui sont souphreux & d'autres mercuriaux. Celuy qui en desire vne plus ample instruction, qu'il lise mon Liure de la Sympathie & Antipathie, où il trouuera que depuis la creation du monde iusqu'à present, il y a tousiours eu deux contraires natures se battant l'vne contre l'autre, ce combat durera iusqu'a ce que le mediateur entre Dieu & l'homme, Nostre Sauueur Iesus-Christ mettra fin à cette querelle, lors qu'il viendra pour separer le bon du mauuais par la clarté duquel & la flame du feu le souphre superflu sera allumé & consumé, la pure partie mercurialle estant laissée dans le centre.

Le moyen de faire vn pretieux esprit & huile du tartre, ioint auec quelques mineraux & metaux.

PRends tel metal ou mineral que tu voudras, dissouts le dans son propre menstruë, & le mesle auec vne duë proportion de tartre crud, de sorte que le tartre crud estant mis en poudre & meslé auec la dissolution, il s'en fasse vne boüillie, alors iette en à la fois vne cueillerée, & en distille vn esprit & huile, lesquels doiuent estre separez par la rectification, pour les garder separement pour leur vsage.

L'vsage de l'esprit & huile de tartre metallisé.

CEt esprit de tartre metallisé, est d'vne telle qualité qu'il fait promptement son operation selon la force de l'esprit, & la nature du metal ou mineral auec lequel il est fait. Car l'esprit & l'huile d'or & de tartre, est bon pour corroborer le cœur, & le garder de ses ennemis : l'esprit d'argent & de tartre sert pour le cerueau : celuy de mercure & de tartre pour le foye : du plomb & de l'estain pour la rate & pour les poulmons : du fer & du cuiure, pour les reins & pour les vaisseaux seminaires : celuy d'antimoine & tartre pour tous les accidents & infirmitez de tout le corps. Les esprits metalliques faits auec le tartre, prouoquent extremement la sueur par où beaucoup de mauuaises humeurs sont chassees du corps, semblablement l'huile a aussi ses operations particulieres: quoy qu'il n'est pas bon de se seruir de diuers metaux pour l'interieur, comme du mercure & du cuiure, d'autant qu'ils prouoquent la saliuation & les vomissemens violents, mais ils sont tres bons pour l'exterieur pour nettoyer tous vlceres putrides, & par là asseoir vn bon fondement pour la guerison.

La teste morte qui reste apres la distillation de l'esprit & de l'huile, doit estre reduite derechef en metal dans vn creuset, afin que rien ne se perde.

Et comme il t'a esté monstré de distiller les esprits & huiles des metaux dissouts & du tartre crud, de mesme tu les peux tirer du vitriol commun & du tartre de cette façon. Prens vne partie de tartre en fine poudre, & deux parties de pur vitriol, mesle les ensemble, & en distille vn esprit. Quoy qu'il ne soit pas agreable au goust, il est excellent en toute sorte d'obstructions & corruption de sang, principalement lors qu'il est rectifié auec la teste morte, & par là affranchy de son flegme, sa meilleure vertu, laquelle consiste au sel volatil, n'estant pas perduë en la distillation.

Si tu desires auoir cét esprit plus efficace, alors il faut ioindre le tartre & le vitriol ensemble, les faire boüillir en eau commune & les cristaliser, puis les ietter dedans & les distiller, & il en sortira vn esprit plus pur & plus penetrant, d'autant que dans leur dissolution & coagulation il a resté beaucoup de feces qui se sont separees : mais si à vne partie de vitriol tu y ioints, dissouts, filtres, & coagules, deux parties de tartre, le tartre & le vitriol ne se cristaliseront plus, mais demoureront en vne liqueur espaisse comme miel, de laquelle on peut extraire auec l'esprit de vin vne teinture bonne pour les obstructions. Cette liqueur estant prise depuis ℈I. iusqu'à ʒI. purge fort doucement, & quelquefois prouoque le vomissement, particulierement si le vitriol n'estoit pas pur & bon : & il en peut aussi estre distillé vn esprit qui n'est pas inferieur au precedent en vertu. Et outre la voye susdite, il y en a vne autre pour distiller vn esprit de tartre metallisé, par laquelle diuers metaux & mineraux peuuent estre reduits en vn esprit & huile agreable, & de plus de vertu en la maniere suiuante.

Prends du tartre blanc de Rhin, & le mets en fine poudre, & verse dessus de l'eau de pluye ou de riuiere, de sorte que sur ℔. de tartre tu en mettes 10. ou 12. liur. d'eau, ou tant que le tartre se dissolue dedans en boüillant, alors fais bien boüillir l'eau & le tartre dans vn chaudron bien estamé, ou pour le mieux dans vn pot plombé, & ce tant que tout le tartre soit dissout, & dans le mesme temps en oste l'escume auec vne escumoire de bois, lors qu'elle s'éleue en boüillant, & lors qu'il n'escume plus, & que tout le tartre est dissout, alors passe la solution toute chaude au trauers d'vn linge sur vn vaisseau vitré, afin que les feces en soient separees. L'eau de tartre estant filtré, laisse la reposer par 24. ou 30. heures sans la remuer, & il s'attachera aux costez du vaisseau vn tartre cristalisé, lequel tu osteras apres auoir versé l'eau, le laueras auec eau froide, & seicheras, garde ce tartre purifié, iusqu'a ce que ie t'enseigne comme il t'en faut seruir. Il est assez pur pour les susdits procedez : sçauoir pour reduire les metaux en huile, comme ie diray cy apres : il est aussi bon pour la Medecine, car il nettoye & lasche. Mais si tu le desires auoir plus beau & plus blanc en guise de cristaux, tu feras ainsi.

Pour reduire tous les sels en grands cristaux, il faut qu'il y en ait vne grande quantité, car d'vne petite il ne s'en fait que des petits, beaux & blancs du tartre, les grands ne seront pas meilleurs que les petits : mais seulement plus agreables à la veuë, alors tu feras comme s'ensuit.

Prends du tartre blanc en fine poudre enuiron dix ou trente liures, verse autant d'eau par dessus qu'il sera necessaire pour le dissoudre, & le fais bouillir dans vn chaudron estamé à feu violent, tant que tout le tartre soit dissout, ce que tu cõnoistras en le remuant auec vne cueillere de bois, escume bien toutes les salletez qui viennent sur l'eau, & tu dois bien prendre garde de ny mettre ny trop ny trop peu d'eau; car si tu en mets trop peu vne partie du tartre ne se dissoudra pas, & comme cela on le iettera auec les salletez : que si tu y en mets trop, alors le tartre estant trop dispersé par l'eau, ne se cristalisera pas bien, & comme cela il s'en perdra aussi, estant ietté auec l'eau. Car i'en ay veu beaucoup qui se plaignoient, & disoient qu'ils n'en pouuoient tirer que peu d'vne liure, & par là supposoient que le tartre n'estoit pas bon, quoy que la faute ne prouint pas du tartre: mais de celuy qui le trauaille, à cause qu'il n'a pas bien manié son trauail, en ayant ietté auec l'eau vne moitié, laquelle ne s'estoit pas cristalisee, mais si tu y procedes bien, alors quatre liur. de tartre commun te donneront trois l. de purs cristaux blancs. La dissolution estant bien faite, de sorte qu'il ne vienne plus d'escume au dessus : couure le chaudron, & le laisse refroidir sans le remuer de sa place chaude où il est, l'œuure sera faite en trois ou quatre iours si le chaudron est grand. Mais il faut oster le feu de dessous le chaudron, & le laisser là le temps susdit, & dans ce temps le tartre se cristalisera aux costez du chaudron : ces cristaux apres que le temps est passé & qu'on a versé l'eau, doiuent estre tirez hors, lauez & boüillez derechef auec nouuelle eau, puis escumez & cristalisez. Il faut reïterer ce procedé iusqu'à tant que les cristaux soient assez blancs:

alors tire les hors, seiche-les & les garde pour l'vsage. Estant pris en fine poudre depuis ℈I. iusqu'à ʒI. dans du vin, biere, bouillon chaud ou autre liqueur, ils feront faire des selles fort doucement à ceux qui ne peuuent souffrir de fortes Medecines. Ce tartre peut estre donné auec diagrede ou autre drogue purgatiue, de sorte qu'il ne t'est pas necessaire d'en prendre en grande quantité à la fois, car vne petite dose seruira. Si tu ne te soucies pas de grands cristaux, mais seulement du tartre bien purifié, tu auras de tres beaux & resplandissants petits cristaux, lesquels n'ont pas besoin d'estre mis en poudre, mais qui par le trauail deuiendront si purs & en aussi fine poudre cõme s'ils auoient esté broyez sur la pierre, ne ressemblant pas à vne poudre morte, mais ayant vn esclat comme des petits flocons de neige transparants lors qu'ils tombent en vn temps froid, cela se fait en la maniere suiuante. Les cristaux ayant esté assez purifiez par diuerses dissolutions & coagulations, dissous les encore vne fois dans de l'eau pure, & verse la dissolution dans vn vaisseau de bois, cuiure, ou terre vernie: comme a esté dit des cristaux cy dessus, remuë les continuellement auec vne spatule de bois ou baston continuant tant que tout soit froid, ce qui sera fait en demie heure. Par ce mouuement, le tartre n'a pas le temps de se cristaliser, mais il se coagule en fine poudre transparente, agreable à la veuë, semblable à de la neige gelee, alors verse l'eau dehors, seiche la poudre, & la garde pour ton vsage. L'eau que tu as répanduë ne doit pas estre iettee, d'autant qu'elle contient quelque peu de tartre, mais il la faut euaporer, & tu recouureras le tartre qu'elle contenoit : Comme cela il ne se perdra rien, & par cette voye on ne reduira pas seulement le tartre blanc en cristaux clairs : mais aussi le rouge, lequel estant dissout & cristalisé par diuerses fois, perd sa rougeur & deuient clair & blanc. Outre la susdite façon, il y a vne autre voye pour reduire le tartre en grands cristaux blancs en vne seule fois par precipitation : mais celle cy est assez bonne pour cette affaire, sçauoir pour tirer de bonnes medecines des metaux, enquoy il n'est pas besoin de perdre dauantage de temps.

Vne autre façon de faire l'esprit de tartre metallisé.

PRends du tartre purifié, dissout, & coagulé seulement vne fois autant qu'il te plaira, verse dessus autant d'eau de pluye ou autre bône eau qu'elle le puisse dissoudre, dans laquelle solution tu feras bouillir les lames des metaux, tant que le tartre en ait assez dissout, & qu'il n'en dissolue plus, ce que tu connoistras lors que la solution sera chargee de la couleur du metal, & pendant qu'il bout & que l'eau s'euapore il en faut verser d'autre dedans, autrement le tartre se seicheroit trop & se brusleroit : cette dissolution peut estre mieux faire dans vn vaisseau metallique, comme lors que tu veux faire la solution du fer, il le faut faire dans vn pot de fer, & pour le cuiure dans vn de cuiure, & ainsi des autres metaux, que le vaisseau soit de mesme ; mais il faut que tu sçaches que l'or, l'argent & le mercure crud ne peuuent pas estre dissouts de mesme que le fer & le cuiure, s'ils ne sont premierement preparez ; lors qu'ils sont preparez pour cela, ils se dissoluent aussi : de mesme il y a des mineraux qui doiuent estre aussi premierement preparez auant qu'ils puissent estre dissouts par l'eau & le tartre. Que si tu peux auoir de bons verres, ou des vaisseaux de terre vernis, tu t'en peux seruir pour dissoudre tous les metaux & mineraux là dedans. Or la dissolution n'est pas seulement bonne toute seule pour l'vsage de la medecine, mais aussi on la peut distiller, & en tirer vn tres salutaire esprit & huile, comme s'ensuit.

Pour distiller vn esprit & huile de plomb & d'estain.

PRends de la limaille de plomb & d'estain, & les faits bouillir dans la dissolution du tartre, dans vn vaisseau plombé ou estamé, tant que l'eau de tartre ait acquis vne douceur, & qu'elle ne vueille plus dissoudre, ce qui se fera en vingt-quatre heures ; car ces deux metaux ne se dissoluent que lentement : mais si tu desires faire la dissolution plus prompte, il faut que tu reduises premierement lesdits metaux en chaux soluble, & pour lors ils seront dissouts en moins d'vne heure. La solution estant faite, filtre la, & en extraits au bain toute l'humidité à consistance de miel. & il restera vne liqueur douce & agreable, laquelle peut estre mise en vsage sans autre preparation, prise par dedans, pour toutes les maladies, ausquelles les autres medicaments faits desdits metaux sont en vsage, principalement la liqueur douce du plomb & estain font beaucoup de bien en la peste, non seulement en attirant le poison hors du cœur par sueurs, mais aussi en rompant & allegeant la chaleur intolerable : de sorte qu'il en suit vne heureuse guerison, exterieurement la liqueur du plomb peut estre mise en vsage auec bon succez en toutes inflamations, elle guerit promptement, non seulement les nouuelles playes, mais aussi les vieux vlceres en fistules, car le tartre nettoye, & le plomb consolide.

La liqueur de l'estain est meilleure pour en vser interieurement qu'exterieurement, son operation iusqu'à present n'est pas si bien connuë que celle du plomb. Si tu en veux distiller vn esprit, iette le dedans peu à peu, comme a esté souuent dit cy-deuant aux autres operations, & il en sortira vn subtil esprit de tartre emportant auec soy la vertu & meilleure essence des metaux. C'est pourquoy il se trouue par experience qu'il est plus salutaire que l'esprit commun du tartre qui est fait sans addition. Estant bien rectifié il peut passer pour vn grand thresor en toutes obstructions principalement de la rate, & il y a peu de medecines qui aillent au delà de celles cy. Outre cela on ne doit pas negliger les bonnes medecines purgatiues, si la necessité le requiert. Auec l'esprit sort aussi vne huile qui est d'vne prompte operation, specialement aux playes & enfleures des yeux : là où les autres onguents & emplastres ne sont pas si propres pour cét vsage, car elle n'appaise pas seulement la chaleur & inflamation qui est vn symptome commun aux playes des yeux, mais aussi elle empesche tous autres symptomes, ce que peu d'autres medicaments sont capables de faire. Pour le reste, si on le pousse plus auant par vn feu violent : alors il en sortira vn sublimé, lequel se dissout à l'air en vne huile, qui a vn grand pouuoir non seulement en la medecine, mais aussi en l'Alchimie.

Le plomb se fond en vn beau regule blanc, plus blanc, plus pur, & plus beau que le plomb commun, mais le tartre retient la noirceur, & s'esleue luy-mesme en haut comme vne scorie fusible emprainte du souphre de plomb, auec lequel tu peux colorer le poil, les os, plumes & semblables, & les rendre d'vne couleur brune & noire.

I'ay vne fois essayé cette distillation dans vn vaisseau de fer, de sorte que tout le dedans estoit tellement blanchy par le plomb purifié, de façon qu'en lustre il estoit semblable à l'argent fin, ce qu'ayant essayé derechef, il n'est pas deuenu si beau qu'à la premiere fois, dequoy on n'a pas à s'estonner, car s'il estoit necessaire, ie pourrois escrire dauantage touchant le tartre, sçachant bien à quoy il peut estre employé, si ie ne craignois les railleurs qui mesprisent tout ce qu'ils n'entendent point. I'oserois appeller le tartre, le sauon des Philosophes, car pour nettoyer certains metaux, i'ay trouué par vne longue experience qu'il auoit d'admirables vertus, quoy que ie ne veux pas qu'on entende, que ie le conte pour estre le veritable azot vniuersel philosophique, auec lequel on laue le loton: mais ie ne puis desnier qu'il est d'vn vsage particulier pour lauer & nettoyer diuers metaux: dautant qu'il est doüé d'admirables vertus pour l'vsage des metaux, dequoy il sera parlé dauantage en vn autre lieu cy-apres.

Le moyen de faire vn esprit & huile de fer ou acier, & de cuiure tartarisé.

SI tu veux preparer vne bonne medecine du fer, acier, ou cuiure, ioint auec le tartre, alors pour le fer ou l'acier, prens vn pot de fer, & pour le cuiure vn pot de cuiure, netoye les bien, & mets dedans de la limaille de fer ou acier, ou cuiure comme il te plaira, & deux fois autant de tartre pur en fine poudre, & autant d'eau qu'elle puisse dissoudre le tartre, en bouillant: comme cela fais bouillir le metal auec l'eau de tartre, tant qu'il soit bien teint ou coloré par le metal, sçauoir en rouge, par le fer, & en verd par le cuiure; & comme l'eau s'euapore en bouillant, il en faut tousiours remettre d'autre dedans, de peur que le tartre ne se brusle, se brusle, car il faut qu'il y ait tousiours assez d'eau pour empescher qu'il ne se fasse point de pellicule dessus par le tartre : mais il n'y faut pas aussi mettre trop d'eau : autrement elle seroit trop foible, & ne seroit pas capable de dissoudre le metal. La solution du fer ou acier estant deuenuë rouge & douce, & en goust semblable au vitriol, mais celle du cuiure verte & amere : Verse la tout chaudement par inclination dans vn autre vaisseau bien net, & la laisse sur vn feu doux de charbons, tant que iusque toute l'eau soit euaporée, & que le tartre & le metal dissout demeurent au fond en consistance de miel.

Cette liqueur metallique peut estre mise en vsage interieurement & exterieurement : principalement celle de fer, elle purge doucement & ouure les obstructions du foye & de la rate, nettoye l'estomac & tue les vers ; vse exterieurement, c'est vn tres bon baume pour les playes, ayant beaucoup plus de vertu que tous ceux qui sont faits des vegetaux, c'est vn tres grand thresor, non seulement pour la guerison des nouuelles playes, mais aussi pour nettoyer & guerir les vieux, enuenimez & corrompus vlceres, qui se sont changez en fistules. La liqueur de cuiure n'est pas si douce pour l'vsage interieur, car elle n'est pas seulement desagreable au goust, mais elle prouoque des vomissements violents ; c'est pourquoy ie ne conseille à personne de s'en seruir, excepté que ce fut vn corps robuste pour tuer les vers, enquoy il surpasse tous les autres medicaments : mais il n'en faut point donner du tout aux petits enfans, à cause que son operation est violente.

Que si tu t'en sers pour en donner à des corps robustes contre les vers & fieures, en cas que le malade ne puisse vomir, il doit prouoquer le vomissement afin qu'il ne demeure pas dans le corps d'autãt que s'il y restoit, il causeroit vn degoust. C'est pourquoy tu dois prendre garde de ne t'en pas seruir par dedans, & d'autant que cette liqueur est tres amere, tu y peux mésler du sucre, pour la rendre plus aisée à prendre : mais celle de fer n'a pas besoin d'vn tel correctif estant assez douce d'elle-mesme. Pour cette raison ie la prefere à l'autre : mais si tu as besoin de celle de cuiure à cause de son operation violente, il faut que le malade se preserue bien de l'air froid, & qu'il ne charge pas incontinent son estomac de forte boisson, ny d'vne superfluité de viande, se contentant de bons boüillons, ou d'vn petit verre de vin ou biere, & le iour suiuant il trouuera que son manger & son boire luy seront plus vtiles & plus agreables.

Pour l'exterieur cette liqueur sert au mesme vsage que celle de fer & d'acier, estant mesme meilleure & plus prompte pour la guerison. Il seroit necessaire que les Chirurgiens en connussent la preparation, & qu'ils s'en seruissent au lieu de leurs onguents, qui changent les nouuelles playes en horribles vlceres, veu particulierement qu'elle se fait auec si peu de peine & si peu de frais, si tu desires auoir cette liqueur plus pure, il faut verser dessus de l'esprit de vin, & il en extraira aisement leur teinture, & laissera beaucoup de feces lesquelles ne seruent à rien: mais la teinture sera beaucoup plus pure & de plus d'efficace, veu qu'pour te purger c'est assez d'vne iusqu'à 4. ou 5. gouttes, & de l'autre il en faut depuis 4. 6. 8. iusqu'à 12. & 16. gouttes. Cette teinture opere beaucoup mieux exterieurement, & se garde plus longtemps que le baume ou liqueur, laquelle se corrompt auec le temps : mais l'extraction ne se gaste iamais. Si tu veux distiller la liqueur ou baume, il n'est pas necessaire d'en faire l'extraction, il faut le distiller comme il est, apres qu'il a esté bouilly, de la mesme façon qu'il a esté dit du plomb, & il en sortira vn esprit iaune & vne huile hors du fer ou acier, & hors du cuiure vn esprit & huile verdastre.

L'esprit & l'huile de fer peuuent estre employez contre la peste, fieures, obstructions, & corruption du sãg, depuis ℈1. iusqu'à ℨ1. ils sont beaucoup meilleurs pour prouoquer la sueur, que celuy qui est fait du tartre crud, sans addition de metal : celuy qui est fait de cuiure fait le mesme, & auec plus d'effet, & quelquefois prouoque le vomissement, s'il est donné en trop grande quantité.

Quoy que les Chymistes preferent le cuiure au fer, comme vn metal plus meur, neantmoins il se voit par experience, que le fer à cause de sa douceur est meilleur pour l'vsage interne que le cuiure, mais pour l'externe le cuiure, s'il est bien preparé, est la meilleure & plus propre medecine pour tous vlceres, en tous les endroits du corps, estant bien netoyé par dedans par des purgations propres.

Ie veux enseigner vne purgation pour les Prouinciaux qui sont esloignez des boutiques des Apoticaires, ou qui n'ont point d'argent pour acheter des medecines, elle doit estre faite auec le fer ou auec le cuiure, pour nettoyer leur estomac remply & gasté par vne replotion desordonnée, d'où procedent la douleur de teste, les vers, fieures & autres maladies. Les vieux & ieunes, qui sont d'vne nature foible, & ne peuuent pas supporter vne medecine si forte, n'en doiuent pas vser. La preparation se fait ainsi : prens ℥ß. de pur tartre en fine poudre, & ℥ß. ou ℥i. de sucre ou de miel, & ℥ß. ou ℥i. d'eau de fontaine ou de pluye, mets le tout dans vn poëllon de cuiure bien net, où il n'y ait point de graisse, & les faits bouillir sur le feu aussi long-temps qu'il faut pour cuire vn œuf, ou au plus vn demy quart d'heure, ostant l'escume en bouillant, laisse les reposer : cette boisson a presque le mesme goust que le vin chauffé & adoucy auec sucre, donne la au malade, & qu'il ne prenne rien apres, & en l'espace de demie heure il commencera à trauailler par haut & par bas : & tu ne dois rien craindre, mais seulement te tenir chaudement, & dans vne heure l'operation sera faite. Si tu veux tuer les vers des petits enfans par la purgation, au lieu d'vn vaisseau de cuiure, prends vn vaisseau de fer bien net, mets dedans vn peu de tartre, sucre, & eau, & les fais bouillir comme a esté dit cy-dessus, donne leur en à boire, la purgation ne sera que par le bas, quelque fois elle prouoque vn petit vomissement, qui ne fait point de mal, au contraire il netoye mieux l'estomac. Si la boisson est trop foible, de sorte qu'elle ne trauaille point, il en faut donner derechef le lendemain, mais il y faut mettre d'auantage d'ingrediens, ou bien les faire bouillir plus long-temps : car il n'y a point de danger du tout, si tu y procedes comme il faut, ce remede estant plus agreable à prendre, que le semencontra qui est amer, lequel ordinairement tourmente les enfans.

La raison pourquoy cette decoction trauaille de cette façon, est celle cy, c'est que le tartre & le sucre estant boüillis dans vn vaisseau metallique auec de l'eau, trauaillent sur le metal, & en tirent vne vertu qui cause le vomissement & la purgation.

Pour faire l'esprit tartarisé du mercure.

LE mercure vulgaire ne sçauroit estre dissout comme les susdits metaux auec l'eau & le tartre, sans vne precedente preparation : mais il le faut sublimer auec le sel & le vitriol, ou le cristaliser auec l'eau forte, alors il peut-estre dissout en boüillant auec le tartre & eau, & reduit en baume de mesme que les autres metaux, mais on ne s'en doit pas seruir interieurement, excepté qu'il soit digeré vn temps suffisant, de sorte qu'il perde sa malignité. On s'en peut heureusement seruir exterieurement en tous les vlceres desesperez, principalement veneriens, & c'est vne tres excellente medecine pour cela. Mais son principal vsage est pour l'Alchymie, quoy que peu connoissent cét hoste, d'autant qu'il ne veut pas estre veu par vn chacun. L'esprit qui en sort par la distillation, est vne admirable chose, non seulement pour la Medecine, mais aussi pour l'Alchymie: neantmoins tu dois prendre garde qu'au lieu d'vn amy tu ne reçoiues vn grand ennemy : car ses forces & ses vertus sont tres puissantes.

Pour faire vn esprit tartarisé de l'or, & de l'argent.

L'Or & l'argent ne peuuent pas estre dissouts dans le tartre par la voye humide: mais par la voye seiche auec de l'assistance ils se dissoudront aisement, ce qui n'est pas de ce lieu. Si tu en veux tirer vn esprit: l'or & l'argent doiuent estre premierement dissouts & coagulez en les reduisant en cristaux, puis dissous auec du tartre purifié, & auec de l'eau. De l'or tu auras vne dissolution iaune, & de l'argent vne blanche tirant sur le verd, estant reduit à consistance de miel On s'en peut seruir sans rien craindre, la solution d'or lasche & tient le corps ouuert, fortifie le ventricule, le foye & les poulmons, & autres membres principaux: & celuy d'argent purge puissamment selon la quantité qu'on en donne, de mesme qu'vne autre purgation sans aucun mal ny danger, de sorte qu'on s'en peut seurement seruir en toutes les maladies où la purgation est necessaire, depuis ℈1. iusqu'à ʒß. mais celle de l'or se donne en moindre quantité : & toutes les deux liqueurs de l'or & de l'argent, peuuent seruir exterieurement auec bon succez : mais d'autant que pour l'vsage externe les metaux inferieurs seruiront assez, il n'est pas necessaire de se seruir de choses si cheres.

L'esprit qui en est tiré par la distillation, est doüé de tres grandes vertus : car la partie volatile du metal sort dehors iointe auec l'esprit de tartre, ce qui reste doit estre reduit en corps comme il a esté dit des autres metaux. Cét esprit, principalement celuy de l'or, est extraordinairement bon pour la peste, & autres maladies, ou la sueur est necessaire : car il ne chasse pas seulement par la sueur toutes les malignitez du cœur : mais aussi il fortifie le cœur, & le preserue de tous symptomes. Semblablement celuy d'argent est tres recommandable, principalement s'il est auparauant deflegmé auec sa teste morte, comme a esté monstré cy-dessus en la preparation du simple tartre. Car tout Medecin expert en la Chymie, iugera fort aisement le pouuoir de l'esprit de tartre bien rectifié & impreigné des vertus de l'or : C'est pourquoy il n'est pas necessaire d'en parler d'auantage.

Esprit d'antimoine tartarisé.

L'Antimoine crud ne sçauroit estre dissouz par la maniere susdite : mais s'il a esté premierement preparé en fleurs ou en verre, il donne aisement sa vertu en boüillant, & il se fait ainsi. Prends vne partie de fleurs ou de verre d'antimoine en fine poudre, & trois parties de pur tartre, & 12. ou 15. parties d'eau, fais les bouillir ensemble dans vn pot verny l'espace de trois ou quatre heures, remettant tousiours nouuelle eau à mesure qu'elle s'euapore, afin que le tartre ne brusle manque d'eau, le verre doit estre remué quelque fois auec vne spatule de bois, deqnoy les fleurs n'ont pas besoin à cause qu'elles sont legeres. Ce fait l'eau de tartre sera teinte d'vn rouge de l'antimoine, laissant le reste de l'antimoine au fond, duquel tu separeras la solution, & apres l'auoir filtrée euapore l'eau, & en fais encore vne extraction auec esprit de vin, & tu auras vn extraict rouge comme sang, lequel depuis 1. 2. 3. iusqu'à 10. ou 12. gouttes à la fois, à cause des vomissements & selles fort benignes, pouuant estre doucement pris par vieux & par ieunes en toutes les maladies qui ont besoin de purgation, & tu n'as que faire de craindre aucun danger du tout : car ie ne connois point de vomitif qui purge plus doucement que celuy-cy. Si tu veux tu peux faire que son operation ne soit que par le bas, de sorte qu'il ne causera point de nausée du tout: & tu n'as besoin d'autre chose que de faire vne rostie de pain bis, & la tenir toute chaude à ton nez & à ta bouche, & quand celle là est presque froide, il en faut auoir vne autre toute preste, & comme cela l'vne apres l'autre tant que tu ne sentes point de nausee, & que la vertu de l'antimoine ait commencé de trauailler ou operer par le bas: c'est vn bon secret pour ceux qui desirent se seruir de medecines antimonialles, & qui craignent les nausees, lesquelles ils ne peuuent supporter. Mais si tu ne desires pas prendre tant de peine pour faire cette extraction, faits comme il t'a esté monstré cy deuant auec le cuiure, & prends dix ou douze grains de l'antimoine preparé pour vne personne aagée, mais pour les ieunes, 5. ou 6 grains plus ou moins selon la cõdition de la personne, & ℥ß ou ʒvj. de pur tartre, & ℥iij. ou ℥vi. d'eau, & les mets dans vn petit pot, & les fais bouillir vn quart d'heure: alors mets la solution dans vn verre, & dissous dedans vn peu de sucre, par où l'accidité du tartre est en quelque façon amortie, cette decoction estant beuë bien chaude, il faut de tenir chaudement comme il est requis, & elle operera beaucoup mieux, que si elle auoit esté infusee toute la nuit dans du vin, ce qui n'est pas agreable à tous pour le prendre à ieun; mais cette decoction est plus agreable à prendre, à cause qu'elle a le goust comme d'vn vin chaud & doux.

Cela est admirable, que l'antimoine bien preparé n'est iamais pris inutilement: car quoy qu'il soit donné en petite quantité, de façon qu'il ne face point vomir ny aller à la selle, neantmoins il trauaille insensiblement, il nettoye le sang, & destruit beaucoup de mauuaises & malignes humeurs par la sueur, de sorte que beaucoup de maladies sont destruites par là, sans que l'operation en soit grandement sensible, ce qui m'est souuent arriué, & m'a donné occasion de songer plus loin; c'est pourquoy i'ay cherché le moyen de preparer l'antimoine de telle façon qu'il peust estre pris iournellement, sans qu'il causast aucune nausee ny selles, ce que i'ay mis en execution, & trouué qu'il estoit tres bon, comme il sera monstré cy apres.

De la solution cy dessus descrite, sçauoir des fleurs d'antimoine & du tartre, faits en vne bonne quantité, & apres que l'eau est euaporee distille en l'esprit, & il en sortira aussi vne huile, laquelle doit estre separee de l'esprit & rectifiee, estant appliquee exterieurement elle ne fera pas seulement les grandes operations qui sont attribuées cy deuant au simple huile de tartre, mais elle va beaucoup au delà, d'autant que la meilleure essence de l'antimoine s'y est iointe dans la distillation, & comme cela a doublé la vertu de l'huile de tartre: & cette huile peut estre mise en vsage auec grand succez non seulement pour donner soulagement aux tumeurs de la podagre incontinent, mais aussi à cause de sa seicheresse elle consume toutes autres tumeurs par tout le corps, quoy qu'elles procedent du vent ou de l'eau: car le sel volatil à cause de sa subtilité conduit la vertu de l'antimoine dans toutes les parties du corps d'vne merueilleuse & incroyable façon, auec lequel beaucoup de bonnes choses peuuent estre faites dans la Chirurgie.

Et pource qui est de l'esprit, on s'en peut heureusement seruir en la peste, verole, scorbut, melancolie, hypocondriaque, fieures & autres obstructions, & corruptions du sang : mais aussi si tu en mets vn peu dans du vin nouueau ou de la biere, & les laisse trauailler ensemble, le vin ou la biere, acquierent par là tant de vertu, que si on en boit tous les iours, il arreste & empesche toutes sortes de maladies qui procedent des humeurs superfluës & de la corruption du sang, de telle façon que celuy qui en prend tous les iours ne doit point craindre que la peste, scorbut melancolie hypocondriaque, & autres maladies de cette nature prennent aucune racine, & il n'y a point de metal ny mineral, excepté l'or, qui luy puisse estre comparé : mais si tu n'as pas vn lieu propre pour faire cét esprit, & neantmoins que tu desires auoir vne telle boisson medecinalie faite de l'antimoine, alors ne prends autre chose que la solution faite auec le tartre, auant qu'elle soit distillée, & en mets vne ℔. ou vne ℔. & demie, pour vn quartau de vin nouueau, ou biere, & les laisse trauailler ensemble, & la vertu de l'antimoine deuiendra plus volatile & efficace par la fermentation, & si tu ne peux auoir de vin nouueau, à cause qu'il ne croit pas par tout, tu peux faire vn vin artificiel auec le miel, sucre, poires, figues, cerises & semblables fruits, comme il sera dit dans la troisiesme Partie suiuante, lequel peut seruir au lieu de vin naturel.

Ce vin medecinal est vn doux & asseuré preseruatif, non seulement pour preuenir beaucoup de maladies, mais aussi si elles possedont desia le corps, effectiuement il s'y oppose & les destruit, comme aussi toutes vieilles playes, ausquelles on ne peut donner aucun remede par les emplastres & onguents, car non seulement Basile Valentin, & Theophraste Paracelse, mais encore beaucoup d'autres deuant & apres eux, l'ont tres bien connu, & en ont écrit beaucoup de bonnes choses, lesquelles peu de gens ont entenduës, & à cause que leurs escrits sont en quelque façon obscurs, ont esté mesprisées & tenuës pour fausses.

C'est pourquoy mes escrits seront hautement estimez, à cause que ie ne donne point de procedez longs & de grands frais, mais seulement selon la verité & simplicité pour seruir mon prochain, ce qui ne plaist pas aux orgueilleux, qui s'attachẽt plutost à des procedez inutils qu'à la verité, & ce n'est pas merueille, que Dieu laisse dans l'erreur ceux qui recherchẽt des choses hautes, & méprisent les basses.

Pourquoy cherchons-nous donc des medecines en nous troublant le cerueau, par de subtils & ennuyeux trauaux, veu que Dieu nous monstre par la simple nature vne autre voye? pourquoy n'est-il pas meilleur de nous laisser instruire à la simple nature? Certainement si nous aymions les choses basses, nous trouuerions aussi les grandes. Mais parce que tous les hommes ne cherchent que les choses hautes & grandes, les petites leur sont aussi cachées ; c'est pourquoy il seroit à propos de tenir cette maxime, que les choses dequoy on fait peu d'estat peuuent estre vtiles, comme nous pouuons voir par le tartre, & ce tant mesprisé antimoine. On n'espargneroit pas seulement beaucoup de charbons, de verres, materiaux & choses semblables, mais aussi le precieux téps ne se perdroit pas en la preparation des medicaments : car tout ce qui luit n'est pas or, mais souuentesfois il se trouue que sous vne meschante couuerture est caché quelque chose de haut & de precieux.

Quelques-vns me demanderont peut estre pourquoy i'enseigne de ioindre premierement l'antimoine auec le tartre par le moyen de l'eau, auant la fermentation auec le vin, pourquoy ne seroit-il pas aussi bon de le mettre tout seul dedans en fine poudre, ou le dissoudre auec l'esprit de sel, ce qui sera plus aisé à faire qu'auec le tartre, & les laisser trauailler comme cela ? Surquoy ie responds que le vin ne trauaille point, & ne reçoit point de chaux metalliques ou dissolutions, s'il n'est premierement preparé auec le tartre ou esprit de vin: car si tu dissous l'antimoine, ou autre metal ou mineral dans l'esprit de sel, ou de vitriol, ou de sel nitre, ou autre esprit acide, pour le faire fermenter auec le vin ou autre boisson, tu trouueras qu'il ne reüssit pas : car l'esprit acide empesche la fermentation, & laisse tomber le metal dissout, & gaste le trauail : Outre cela, le tartre peut estre en vsage parmy toutes les boissons, & s'accorde mieux auec son goust à l'estomac, qu'aucun esprit corrosif.

De la mesme façon qu'a esté dit de l'antimoine, les autres metaux & mineraux peuuent estre aproprirz & ioints auec le vin ou autre boisson, & l'vsage de ce vin antimonial est celuy cy, sçauoir qu'il soit beu aux repas & entre les repas de mesme que les autres boissons, pour esteindre la soif, mais neantmoins il ne doit pas estre beu en plus grãde quantité que la nature n'est capable de pouuoir suporter, car si tu en veux boire auec excez, il te prouoquera le vomissement, ce qui ne doit pas estre, car il doit trauailler insensiblement, & ce faisant, il ne preserue pas seulement le corps de toutes les maladies qui procedent d'vn sang impur & corrompu, comme la peste, lepre, verole, scorbut & semblables, à cause de sa chaleur cachée, par laquelle il consume & destruit toutes les mauuaises humeurs salées, mais encore il le guerit, consumant par sa chaleur les mauuaises tumeurs, & les euacuant par sueurs & vrines, & comme cela affranchit le sang de toutes ses humeurs acres & mauuaises, il ne guerit pas seulement les susdites maladies, mais aussi les vieilles playes, vlceres, fistules, lesquels à cause des humeurs sallées & superfluës ne peuuent estre gueris, ce qu'il fait en peu de temps d'vne façon toute extraordinaire, & si seurement qu'il n'y a point de hazard.

Cette boisson n'est pas seulement bonne

pour ceux qui se portent bien, mais aussi pour les malades, quoy qu'en plus petite quantité; à cause qu'elle netoye extraordinairement tout le corps, & tu n'as à craindre la moindre incõmodité tant au ieune qu'au vieux, sain ou malade. Que personne ne s'estonne de ce que beaucoup d'ignorans declament contre l'antimoine & disent que c'est vn poison, & en deffendent l'vsage : s'ils le connoissoient bien, ils ne feroient pas cela, mais parce que ces gens ne sçauent que ce qu'ils ont leu ou entendu dire, ils prononcent vne fausse Sentence, & il leur peut estre répondu, comme Apelles, fit au Cordonnier : *Ne sutor vltra crepidam* ; *Non omnis fert omnia tellus*, comme vn asne apres sa mort produit des mousches qui peuuent voler, ce qui estoit impossible à l'asne dont elles sont sorties : cela soit dit contre les calomniateurs du royal antimoine, sçauoir que leur posterité ouurira les yeux, & ne mesprisera pas ce qu'elle aura connu.

Ie confesse que si l'antimoine n'est pas bien preparé, & outre cela bien administré par vne personne entenduë, il preiudicieroit à la santé des hommes, ce que les vegetaux font aussi, mais de le reieter à raison de l'abus, ce seroit vne action imprudente, si par hazard vn enfant prenoit vn cousteau en sa main qui fust bien éguisé, & qu'il se blessast luy-mesme, ou quelque autre, à cause qu'il n'entend point comme il s'en faut seruir, l'vsage des cousteaux doit il estre deffendu à ceux qui le connoissent ?

Que personne ne s'estonne, de ce que i'attribue de si grandes vertus à l'antimoine, comme estant abondamment enrichy du premier estre de l'or, si i'en disois dix fois d'auantage, ie ne mentirois pas, sa loüange ne sçauroit estre assez exprimée par aucune langue : car pour purifier le sang il n'y a point de mineral semblable, il nettoye & purifie entierement l'homme au plus haut degré, s'il est premierement bien preparé, & discretement administré. C'est le meilleur & plus proche amy de l'or, lequel il nettoye & purifie de toute immondice, ayant beaucoup de sympathie auec iceluy, car il se fait de fort bon or de l'antimoine, comme il sera dit en la quatriesme Partie. Ie dis bien plus, vne bonne partie se change en pur or par vne longue digestion. C'est pourquoy il est euident, qu'il est de la nature & proprieté de l'or, estant meilleur pour l'vsage de la Medecine que l'or mesme, d'autant que l'or qui est en luy est volatil, mais en l'autre il est fixe & compacte, & peut estre comparé à vn ieune enfant au prix du vieillard. Ie te conseille donc de chercher la veritable Medecine dans l'antimoine.

Que si tu desires auoir les vertus de l'antimoine, ou quelque autre mineral ou metal plus concentrees, tu peux faire euaporer l'humidité soulphreuse au bain, & reduire la solution faite auec tartre à consistance de miel, & verser dessus de l'esprit de vin pour en faire l'extraction, en peu de iours il sera fort rouge, alors verse le hors & en remets d'autre dessus,

& le

& le laisse aussi extraire : continuë ce procedé auec nouueau esprit de vin, tant que l'esprit ne se teigne plus, alors mets tous les esprits de vin teints ensemble dans vn verre à col long, & le digere au bain tiede, tant que la meilleure essence soit separée de l'esprit de vin, & precipitee au fond, semblable à vne huile espaisse & rouge comme sang. De sorte que l'esprit de vin est derechef deuenu blanc; lequel doit estre separé de cette belle & agreable huile d'antimoine, qui est faite sans aucun corrosif, & doit estre gardé comme vn grand thresor pour la medecine. L'esprit de vin retient quelque chose de la vertu de l'antimoine, & on s'en peut heureusement seruir exterieurement & interieurement, mais la teinture est comme vne panacée en toutes maladies auec grande admiration, & comme il a esté dit de l'antimoine, de la mesme façon par le moyen du tartre & esprit de vin, on peut tirer de tous les metaux vne huile agreable & douce, laquelle n'est pas des moindres dans la Medecine : car le Chymique qui a connoissance & qui est expert, me confessera aisement, que toute huile metallique separée de la partie grossiere du metal sans corrosif, & reduite en essence agreable, ne peut estre sans vne grande & singuliere vertu.

Le moyen de tirer de bons esprits & huiles des coraux, perles, yeux de cancres, & autres pierres solubles des bestes & des poissons.

PRends vne partie de perles ou coraux (en fine poudre) trois ou quatre parties de pur tartre, & autant d'eau qu'il en faut pour dissoudre le tartre en boüillant, mets les coraux, tartre & eau ensemble dans vn vaisseau de verre sur le sable, & dône vn feu violent: de sorte que l'eau & le tartre boüillent ensemble, & dissoluent les coraux, cette dissolution peut aussi estre faite dans vn pot de terre verny, & à mesure que l'eau euapore en remettre d'autre, (comme a esté dit cy-deuant concernant les metaux) les coraux estant dissouts laisse les refroidir, filtre la solution, & en extraits toute l'humidité au bain, & restera vne agreable liqueur espaisse comme miel, laquelle peut estre mise en vsage en la medecine toute seule, ou bien il faut l'extraire encore vne fois auec esprit de vin purifié, ou bien la distiller comme il te plaira.

L'extrait ou teinture est meilleure que la liqueur, & l'esprit est meilleur que l'extraict ou teinture: & tous les trois peuuent estre mis en vsage auec contentement, ils fortifient le cœur & le cerueau, particulierement ceux qui sont faits de perles & coraux, ils poussent l'vrine &

conseruent le corps soluble. Ceux des yeux de cancres, de perches & autres poissons, ouurent & nettoyent de toute impureté le passage de l'vrine, & destruisent puissamment la pierre & la grauelle des reins & de la vessie.

L'esprit distillé des coraux estant bien rectifié est bon pour l'epilepsie, melancolie, & apoplexie, il destruit & chasse tous poisons par sueurs, à cause qu'il est de la nature & qualité de l'or, dequoy il sera parlé plus amplement en vn autre lieu.

Pour distiller vn esprit de sel, de tartre, & du tartre crud.

PRends esgalles portions de sel de tartre, & du tartre crud, & les dissous auec eau, puis euapore l'eau en escumant tousiours tant qu'il ne vienne plus d'escume, & la laisse refroidir, & il se fera des cristaux blancs, lesquels estant distillez, comme le tartre commun, ils donneront vn plus pur, subtil & agreable esprit, que le tartre commun, l'vsage duquel est semblable en toutes choses au simple esprit de tartre: c'est pourquoy il n'est pas necessaire d'en descrire icy l'vsage. Auant que tu en distilles l'esprit, tu t'en peux seruir au lieu de tartre vitriolé pour purger par des selles douces, ils chassent la pierre & la grauelle, & ne sont pas de mauuais goust à prendre. La dose est depuis ℈I. iusqu'à vne dragme en eaux propres pour cela. Ce sel estant dissout en eau purifie les metaux, si on les fait boüillir dedans, & les rend plus beaux que ne fait le tartre commun.

Pour auoir vn puissant esprit du sel de tartre par le moyen du sable pur, ou des pierres à feu.

DAns la premiere Partie de ce Liure, i'ay enseigné à faire vn tel esprit, mais d'autant que les matieres qui doiuent estre distillées dans ce Fourneau doiuent estre iettées sur les charbons ardents, par où le reste est perdu, & que toutes sortes de personnes n'ont pas le lieu propre pour le bastiment de ce fourneau, à cause qu'il y faut plus de place qu'à celuy cy: c'est pourquoy ie veux monstrer le moyen de le faire auec plus de facilité dans ce second Fourneau, sans perdre les feces qui ne sont pas inferieures à l'esprit mesme, cela se fait de la sorte.

Prens vn tres beau sel du tartre calciné par dissolution, filtration & coagulation, puluerise le sel dans vn mortier chauffé, & y mesle la quatriesme partie de cristal en fine poudre, ou de pierres à feu, ou seulement du sable fin bien laué, mesle les bien & en iette vne cueillerée à la fois dans ton vaisseau rougy qui sera de terre, & le couure: le meslange bouïllira incontinent qu'il sentira la chaleur (comme fait l'alun commun, lors qu'il sent vne chaleur violente) & donnera vn eſprit blanc & peſant; quand il ſera ſorty iette vne autre cueillerée, & attends qu'il ſoit condensé, & puis en iette vne autre, continuant tant que le meſlange ſoit ietté dedans, & lors qu'il ne ſort plus d'eſprit, oſte le couuercle du vaiſſeau, & retire auec vne cueillere de fer ce qui reſte dedans, pendant le temps qu'il eſt chaud & liquide, & il ſera ſemblable à vn verre clair, blanc, fuſible & tranſparant, lequel il faut garder de l'air, car il ſe diſſoudroit, iuſqu'à ce que ie te monſtre ce que tu en dois faire.

L'eſprit qui en eſt ſorty peut eſtre gardé comme il eſt, ou bien eſtant rectifié au ſable par la retorte de verre, on s'en peut ſeruir en la Medecine. Il eſt entierement d'vn autre gouſt que l'eſprit de ſel commun & de vitriol, car il n'eſt pas acide; il a vne ſenteur de pierre ſoulphreuſe, le gouſt de l'vrine, il eſt bon pour ceux qui ſont tourmentez de la goutte, pierre & phtiſie: car il prouoque l'vrine & la ſueur abondamment, & (d'autant qu'il nettoye & fortifie l'eſtomac) donne vn bon appetit. Ce qu'il peut faire d'auantage m'eſt inconnu iuſqu'a preſent, mais il eſt croyable qu'il eſt bon en d'autres maladies, chacun a la liberté d'en faire l'experience. Selon mon opinion, puis que le ſel de tartre eſt bon de luy-meſme pour l'vſage de la pierre, & qu'icy il eſt fortifié par le ſable, qui a la ſignature de la pierre du Microcoſme, il eſt difficile de trouuer vne medecine qui puiſſe aller au delà: mais ie laiſſe chacun dans ſon opinion & experience. Pour l'vsage exterieur il esteint toutes inflamations, & rend la peau belle &c. La teste morte que ie t'ay dit de garder & qui est comme vn verre transparant, n'est autre chose que le sel plus fixe du sel de tartre & des pierres à feu, lesquels se ioignent ensemble, & se changent en verre soluble, dans lequel est cachée vne grande chaleur, si long-temps qu'il est gardé sec, hors de l'humidité de l'air, on ne la sçauroit apperceuoir, mais si tu verses de l'eau dessus, alors sa chaleur secrette se découure elle-mesme. Et si tu le mets en fine poudre dans vn mortier chaud, & le mets apres à l'air humide, il se dissoudra en vne huile grasse & espaisse, & laissera des feces. Cette huile ou liqueur grasse des pierres, sable, ou cristal, ne sert pas seulement pour l'vsage interieur & exterieur par luy mesme, mais aussi il sert pour preparer les metaux & mineraux en bonnes medecines, ou pour les rendre meilleurs par l'Art Chymique, car il y a beaucoup de secrets cachez dans ces mesprisables pierres & sable; qu'vn homme ignorant & non expert ne croyroit que tres difficilement: car auiourd'huy le monde est tellement possedé d'auarice diabolique, qu'il ne cherche que l'or & l'argent, les Arts & les Sciences ne sont point regardées du tout, c'est pourquoy Dieu nous ferme les yeux, afin que nous ne voyons pas ce qui est deuant nous, & que nous tremblions sur nos pieds. Cét excellent homme Paracelse nous l'a suffisamment donné à entendre, quand il dit dans son Liure de la Vexation des Alchymistes, que bien souuent vne pierre méprisée, iettee contre vne vache, est de plus grande valeur que la vache, non seulemẽt à cause qu'on en peut extraire de bon or, mais aussi pource que les metaux inferieurs peuuent estre netoyez par son moyen, de sorte qu'ils sont semblables au meilleur or & argent à tous essays, & quoy que ie n'aye pas gagné beaucoup de chose en le faisant, neantmoins il me suffit d'en auoir veu souuent la verité & la possibilité, dont il sera parlé en son propre lieu.

Cette liqueur de pierres rend les metaux parfaitement beaux, non comme les femmes lors qu'elles escurent & nettoyent leurs vaisseaux d'estain, cuiure, fer &c. auec de la lie ou sable menu, tant que la salleté en soit ostee, & qu'ils ayent vn beau lustre: mais les metaux sont dissous par l'Art Chymique, & digerez l'espace du temps requis, soit par la voye seiche ou par la voye humide; ce que Paracelse appelle, retourner dans le ventre de sa mere, & renaistre: si cecy est adroitement fait, alors la mere enfantera vn pur enfant, tous les metaux sont engendrez dans le sable ou pierres, c'est pourquoy ils peuuent auec raison estre appellez la mere des metaux, plus pure est la mere, plus purs & plus sains seront les enfans. Parmy toutes les pierres il ne s'en trouue point de plus pures que les pierres à feu, cristal ou sable, lesquels sont d'vne mesme nature (s'ils sont simples sans aucune impression des metaux) c'est pourquoy les cailloux & sable, sont les bains plus propres pour lauer les metaux. Mais celuy-là se tromperoit bien qui prẽdroit ce bain pour le bain des Philosophes ou mẽstruë secret, par où ils exaltẽt au plus haut degré de pureté : car leur bain est plus amy de l'or, à cause de la plus grande affinité qu'il a auec luy plus qu'auec les autres metaux, mais celuy-cy dissout plus aisement les autres metaux, que l'or. C'est pourquoy il est euident, que ce ne peut estre la fontaine de Bernard, mais seulement pour nettoyer particulierement les metaux, laissant cecy à vne plus ample pratique de ceux qui ne manquent pas de temps & de lieu propre pour chercher plus auant, & voir ce qui en pourra estre fait, il nous faut prendre connoissance de l'vsage de cette liqueur pour la Medecine, ce Liure n'ayant esté escrit qu'a ce dessein, pour monstrer que nous ne deuons pas tousiours regarder les choses cheres & precieuses : mais aussi les plus viles & les plus abjectes dans lesquelles il y a des thresors cachez, tels que sont les pierres & le sable.

Pour extraire vne teinture rouge comme sang de la liqueur des cailloux par l'esprit de vin.

SI tu veux extraire vne teinture des cailloux, pour l'vsage de la Medecine ou Alchymie, au lieu de pierres blanches, prens de belles pierres iaunes, vertes ou bleuës, ou pierres à feu, soit qu'elles contiennent de l'or fixe ou volatil, & en distille premierement vn esprit auec le sel de tartre; ou bien si tu ne te soucies point de l'esprit, fonds le meslange dans vn creuset couuert en vn verre soluble, fusible & transparant, & le mets en fine poudre dans vn mortier chaud; mets cette poudre dans vn verre à long col, & verse dessus de l'esprit de vin rectifié, il n'importe pas qu'il soit deflegmé, mais qu'il soit seulement pur, il faut souuent remuer le verre auec les cailloux, afin que les cailloux soient separez, & que l'esprit de vin soit capable d'agir dessus, alors verse l'esprit de vin teint, & en remets dessus de nouueau, & le laisse aussi deuenir rouge: verse l'esprit hors & en remets d'autre, reïterant tant que l'esprit ne se teigne plus. Mets tous les esprits teints ensemble dans vn alambic, & en extrais le vin par le bain, & la teinture restera au fond du verre comme vn ius rouge, lequel tu tireras & le garderas pour son vsage.

L'vsage de la teinture des pierres ou cailloux, en la medecine.

CEtte teinture, si elle est faite auec des cailloux ou sable, contenant de l'or, n'est pas vne des moindres medecines, car elle resiste puissamment à toutes les solubles tartareuses coagulations, dans les mains, genoux, pieds, reins & vessie, & quoy qu'a faute de ceux qui contiennent de l'or, on fasse l'extraction des seuls cailloux blancs, elle opere aussi, mais non pas entierement si bien que des autres. Que personne ne s'emerueille, que le sable ou pierres rendus potables, ayent vne si grande vertu; car toutes choses ne sont pas connuës à tous, & cette teinture a beaucoup plus de pouuoir & de vertu, si on a dissout de l'or dans la liqueur des cailloux auant qu'en extraire la teinture : & que personne aussi ne s'imagine que cette teinture vient du sel de tartre (lequel on prend pour preparer l'huile de cailloux ou sable) à cause que de luy seul il colore aussi l'esprit de vin, car il y a grande difference entre cette teinture & celle là, qui est extraite du seul sel de tartre: car si tu distilles celle de sel de tartre dans vn petit alambic ou retorte de verre, il en sortira premierement l'esprit de vin qui sera tres clair, apres vn flegme sans goust, & il restera au fond vn sel semblable en tout au sel de tartre commun, auquel apres qu'il est calciné il ne reste aucune couleur, & d'autant qu'il n'en est point sorty on peut demander qu'est-ce qu'elle est donc deuenuë ?

A quoy ie responds que ce n'estoit pas vne veritable teinture, mais seulement que le souphre dans l'esprit de vin estoit exalté ou gradué par le sel corporel du tartre, & comme cela auoit pris vne couleur rouge, laquelle il pert incontinent qu'on luy oste le sel de tartre, & reprend sa premiere couleur blanche: comme il se rencontre aussi, lors que le sel d'vrine ou de corne de cerf, de suye, ou autre semblable sel vrineux est digeré auec l'esprit de vin, l'esprit en deuient rouge, non pas fixement, mais de mesme façon qu'il a fait auec le sel de tartre, car si par rectification il est separé derechef de l'esprit de vin, le sel & aussi l'esprit de vin recouurent derechef leur premiere forme & couleur. Il se voit par là comme il a esté dit que ce n'estoit pas vne vraye teinture que celuy qui ne le voudra croire, dissolue seulement ℥I. de sel de tartre commun bien blanc, dans ℔j. d'esprit de vin, & l'esprit deuiendra aussi rouge, comme s'il auoit demeuré vn long-temps sur diuerses liures de sel de tartre calciné bleu ou verd; si ie n'en auois pas fait moy-mesme l'experience diuerses fois, i'aurois aussi esté de cette opinion : mais à cause que i'ay trouué que cela n'estoit pas, i'en veux dire mon opinion : quoy que i'en doiue receuoir peu de remerciement de quelques vns, particulierement de ceux qui ayment mieux errer auec le grand nombre, que reconnoistre & confesser la verité auec le petit nombre : neantmoins ie ne dis pas que cette teinture supposée de sel de tartre soit sans vertu, & qu'on n'en doiue vser; car ie connois assez qu'elle est tres efficace en beaucoup de maladies, d'autant que la partie la plus pure du sel de tartre a esté dissoute par l'esprit de vin, par où il est coloré ; c'est pourquoy ledit esprit de vin teint peut estre heureusement mis en vsage : mais la teinture qui est extraite des cailloux preparez est asseurement d'vne autre qualité: car si tu en extraits l'esprit de vin, quoy qu'aussi il en sorte blanc, neantmoins il reste vn sel teint en rouge, laquelle couleur subsiste au plus violent feu, c'est pourquoy on la peut tenir pour vne vraye teinture.

Comme on peut extraire la teinture rouge de l'or par le moyen de cette liqueur, de sorte que ce qui restera sera blanc.

CEtte huille ou liqueur de cailloux est d'vne telle qualité, qu'elle precipite tous les metaux qui sont dissous par des corrosifs, mais non de la maniere que fait le sel de tartre, car les chaux des metaux precipitees par cette liqueur, (à cause que les cailloux se meslent ensemble dedans) deuiennent plus pesantes par là, que si elles auoient esté precipitées auec le sel de tartre.

Pour exemple, dissous autant d'or qu'il te plaira en eau royalle, & verse dessus de cette liqueur, tant que tout l'or soit tombé en bas en vne poudre iaune, & que la solution reuienne blanche & claire, laquelle tu verseras hors, & edulcoreras l'or precipité auec eau douce, puis le seiche (comme il t'a esté monstré en l'or fulminant) & tu n'as que faire de craindre qu'il s'allume ou fulmine en le seichant, comme il a accoustumé de faire lors qu'il est precipité auec le sel de tartre ou esprit d'vrine; mais tu le peux hardiment seicher par le feu, il sera semblable à vne terre iaune, & pesera vne fois autant que l'or pesoit auant la dissolution : la cause de ce poids prouient des cailloux, qui se sont precipitez eux mesmes tous ensemble auec l'or. Car l'eau royalle a mortifié le sel de tartre par son acidité, & l'a dépoüillé de ses forces : de sorte qu'il a esté contraint de quitter les cailloux &c. & aussi mutuellement le sel de tartre qui estoit dans la liqueur des cailloux, a mortifié l'acidité de l'eau royalle, de sorte qu'elle ne sçauroit garder ou retenir plus long-temps l'or, par où tous les deux, l'or & les cailloux sont deliurez de leurs dissoluants.

Cette poudre iaune estât edulcorée & seichée, mets la dans vn creuset, entre les charbons ardents, tant qu'il commence à rougir, mais non pas long-temps, & cette poudre iaune se changera en vne tres belle couleur de pourpre, laquelle est tres agreable à voir : mais si tu la laisses trop long temps, alors la couleur de pourpre s'en ira, & se tournera en couleur brune comme brique : c'est pourquoy si tu desires auoir vn bel or de couleur de pourpre, il faut que tu le tires hors du feu incontinent qu'il sera venu à cette couleur, & ne luy laisse pas plus long temps, autrement il perd cette couleur derechef.

Cette belle poudre d'or peut seruir pour les riches, depuis ℈I. iusqu'a ʒß. dans des vehicules propres en toutes les maladies où la sueur est necessaire : car outre qu'elle prouoque la sueur, elle ne conforte pas seulement le cœur, mais aussi par la vertu des cailloux elle fait sortir la pierre des reins & de la vessie, si elle n'est pas venuë à l'extresme dureté, comme du sable auec l'vrine, de sorte qu'on s'en peut aussi bien seruir pour preuenir, que pour guerir la peste, goutte, & pierre.

Et pour passer plus outre auec cét or de couleur de pourpre, & en faire vn ruby soluble pour l'vsage de la medecine : le procedé sera monstré en la quatriesme Partie, à cause qu'il doit estre fait par vn feu violent dans vn creuset.

Si tu desires extraire la couleur de cét or precipité, verse dessus auant qu'il soit mis au feu pour le calciner, du plus fort esprit de sel, & à chaleur douce l'esprit dissoudra vne partie de l'or, lequel sera plus beau & plus enfoncé en couleur, que s'il auoit esté fait par l'eau royalle ; & sur la dissolution verse y cinq ou six fois autant de bon esprit de vin deflegme, & les digere tous deux ensemble le temps necessaire, & par vne longue digestion vne partie de l'or se precipitera hors de la solution au fonds du vaisseau en poudre blanche, laquelle peut estre reduite auec du borax, ou sel nitre & tartre : elle est blanche comme l'argent & aussi pesante que d'autre or, & peut aisement recouurer sa couleur derechef par le moyen de l'antimoine, le reste dont l'or blanc s'est precipité, sçauoir l'esprit de sel meslé auec l'esprit de vin, doit estre extrait hors de la teinture, & il restera vne liqueur plaisante & aigrette colorée par l'or au fond du verre, laquelle a presque les mesmes vertus qui sont attribuées cy-deuant aux autres teintures d'or, principalement cette liqueur d'or fortifie le cœur, le cerueau & l'estomac.

Quelquefois il sort dehors auec l'esprit de vin, vn peu d'huile rouge, laquelle le plus fort esprit de sel a separée de l'esprit de vin, estant empreint de la teinture de l'or. C'est vn excellent cordial, il y en a peu qui luy soient semblables pour les vieillards foibles & abbatus par la maladie ou par l'âge, en prenant tous les iours quelques gouttes, sans quoy ils seroient contraints de perdre la vie manque d'humeur radicale.

Icy quelqu'vn peut demander si cette teinture peut estre tenuë pour vne veritable teinture d'or, ou si on en peut trouuer vne meilleure?

A quoy ie responds que beaucoup l'estiment telle, & que moy-mesme ie l'appelle ainsi en cét endroit, neantmoins apres vne duë examination il se trouuera qu'elle n'est pas telle : car quoy que quelques vertus soient tirees de l'or par cette voye, neantmoins il est tousiours luy mesme, quoy qu'il soit deuenu pasle & foible, veu qu'il recouure si aisement sa premiere couleur par vn vil mineral: car si sa veritable teinture ou ame de l'or estoient separez de luy, certainement vn mineral inferieur ne luy sçauroit redonner la vie; mais la necessité pour pouuoir faire cela est requise en vne chose, laquelle n'ait pas seulement ce qui luy est necessaire pour elle mesme, mais il faut qu'elle ait vn pouuoir si transcendant pour donner la vie aux choses mortes, comme nous voyons dans l'homme & dans la beste : s'ils ont perdu leur vigueur, neantmoins par medecines preparées ils peuuent estre secourus & remis en leur premiere santé, de sorte que la precedente maladie ne paroist plus en eux, mais si leur ame est vne fois partie, le corps mort ne sçauroit estre remis en vie derechef, & demeure mort iusqu'a ce que celuy qui a le pouuoir de donner & prendre la vie aye pitié de luy : de la mesme façon le faut-il entendre de l'or, quand sa couleur luy est ostée, neantmoins il est en vie, & recouure la couleur par le moyen de l'antimoine qui est sa medecine. Comme aussi par le moyen du fer & du cuiure il est remis de telle façon, qu'il recouure sa premiere couleur & beauté, de sorte qu'on ne reconnoist plus son deffaut, mais si la vie est separée de son corps, il est impossible à aucun metal ou mineral ordinaire de la luy redonner ; cela ne se peut que par vne chose plus excellente que l'or mesme : car comme vn hõme viuant ne sçauroit donner la vie à vn homme mort, & qu'il faut que Dieu le fasse, lequel a creé l'homme ; de mesme l'or ne sçauroit donner la vie à l'or auquel elle a esté ostée. Comment donc cela se pourroit il par vn mineral qui n'est point fixé ? cela n'appartient qu'à vn vray Philosophe qui ait bonne connoissance de l'or & de sa composition.

A present que nous auons entendu que le semblable ne peut aider son semblable, mais que celuy qui assiste doit estre plus que celuy qui demande d'estre assisté, de là il est euident

que

que la teinture dont le corps (duquel elle est extraite) est toûjours or, ne peut estre vne vraye teinture ; car la vraye teinture consiste en ces trois principes, & comment y peut elle consister, veu que le corps d'où elle vient est encore en vie, & procede indiuisiblemẽt de ces trois principes ? comme quoy peut on oster l'ame de l'homme, & faire que le corps soit tousiours viuant ? quelques-vns diront que nonobstant cela elle peut passer pour vne vraye teinture, quoy que le corps soit tousiours or, & qu'il soit en vie : de mesme qu'vn homme peut tirer vn peu de sang hors de son corps, quoy qu'il le rende vn peu plus pasle, neantmoins il vit tousiours, & le sang perdu peut estre recouuré par vne bonne nourriture. Mais quelles objectiõs hors de iugement sont celles-cy ? y a-il quelqu'vn qui soit si simple d'auoir dans sa pensée qu'vne plaine main de sang puisse estre comparée à la vie de l'homme ? Ie croy qu'il n'y a point d'homme sage qui vueille auoir cette pensee, car quoy que la vie sorte ou s'en aille auec le sang, neantmoins le sang seul n'est pas la vie : autrement les morts pourroient estre ressuscitez par là, en mettant vn verre de sang dans le corps mort : mais cela a-il iamais esté veu ny ouy dire ? comme sont ses fantasques opinions qui presument de censurer la verité qui a esté mise dans mon *Traittè du veritable or potable*, disant, *Geber, & Lulle*, estoient aussi d'opinion, qu'on peut extraire vne veritable teinture hors de l'or, & que neantmoins il demeure ou reste bon or : mais on peut demander, qu'est-ce donc qu'il a perdu pour auoir donné vne veritable teinture, puis qu'il est tousiours bon or ? Icy ie me doute fort qu'il n'y aura personne au logis pour me respondre, qu'est ce que les Escrits de Geber ou Lulle me sont à moy ? Ie ne mesprise pas ce qu'ils ont escrit, c'estoient des grands, fort éclairez & experimentez Philosophes, & ils deffendroient suffisamment leurs Escrits, s'ils estoient en vie: & ce que i'escrits, ie suis capable de le soustenir.

Ces hommes pensent-ils, que les Escrits de Geber & Lulle doiuent estre entendus au pied de la lettre ? Fais moy voir vne teinture d'or qui ait esté faite par les Escrits de Geber ou de Lulle ? S'il estoit ainsi, chaque idiot, ou nouice, qui ne sçauroit seulement que lire le Latin, ne seroit pas seulement capable de faire par ces Escrits vne teinture d'or, mais aussi la pierre des Philosophes, dequoy ils ont escrit au long, ce qui n'est pas de ce lieu, car on voit par experience iournaliere, que les plus doctes & sçauans ont passé beaucoup d'annees auec grands frais, & pris grand peine nuit & iour à estudier en leurs Liures, & n'y ont pas trouué la moindre chose.

Mais si ces Philosophes deuoient estre entendus litteralement, sans doute il n'y auroit point tant de pauures & miserables Alchimistes. C'est pourquoy les Escrits de ces grands hommes ne doiuent pas estre entendus au pied de la lettre, mais par vn sens mystique.

Mais d'autant que la verité est éclipsee en

leurs Liures, par tant de procedez sophistiques, il est grandement difficile qu'aucun hõme la puisse tirer parmy tant de tromperies, s'il n'est premierement esclairé de Dieu, afin qu'il connoisse comme il faut separer les paroles paraboliques de celles qui sont veritables dans la lettre mesme : ou si vn religieux Chimique auec la grace de Dieu le fait par ses trauaux sur vn bon fondement, & neantmoins doute, s'il est dans le vray chemin ou non, alors en lisant les bons & veritables Liures des Philosophes, il en apprendra à la fin la ferme & constante verité : autrement il est difficile de reüssir, au contraire apres la perte du temps qui est precieux, la despense & l'alteration de la santé, l'homme sera forcé de mandier.

De la mesme façon, si la veritable reinture de cuiure en est tirée, le reste n'est plus metal, & ne sçauroit estre reduit derechef en substance metallique par aucun Art, ny violence de feu.

Mais si tu luy laisses quelque teinture en luy, il peut estre reduit en vn corps gris & friable, semblable au fer mais plus cassant.

Vne autre voye pour extraire vne bonne teinture de l'or par le moyen de la liqueur des pierres ou sable.

PRends vne partie de cette chaux d'or qui a esté precipitee auec l'huile de sable, trois ou quatre parties de la liqueur de cristaux ou sable, mesle la chaux d'or dans vn bon creuset auec la liqueur, & mets ce meslange en chaleur douce, afin que l'humidité s'euapore hors de l'huile de sable, ce qui se fait fort difficilement, car les cailloux ou sable à cause de leur seicheresse gardent & retiennent l'humidité, & ne la veulent pas laisser partir facilement, s'esleuant dans le pot ou creuset, comme le borax, ou alun, quand on les calcine: c'est pourquoy il ne faut remplir le creuset qu'à moitié, afin que la liqueur & l'or ensemble ayent assez de place, & ne s'en aillent par dessus : & lors que la matiere ne s'esleue plus, augmente le feu tant que le pot soit tres rouge, mets vn couuercle dessus qui ioigne tres bien, afin qu'il ne tombe dedans des charbons, cendres, ou autres impuretez : & luy donne feu violent dans vn four à vent, tant que la liqueur & la chaux d'or soient en fonte comme de l'eau, laisse les comme cela en fonte tant que la liqueur & l'or ensemble soient semblables à vn transparant ruby, ce qui sera fait en l'espace d'vne heure ou enuiron, alors verse le dans vn mortier de cuiure bien net, laisse le rafroidir, puis le mets en poudre, sur laquelle verseras de l'esprit de vin, pour en extraire la teinture, laquelle sera comme du sang net & clair, meilleure pour l'vsage que la precedente.

Ce qui reste apres l'extraction de la teinture doit estre bruslé auec du plomb, precipité & tiré hors, de mesme qu'on tire les mines, & tu trouueras l'or restant, lequel n'est pas allé auec l'esprit de vin: mais il est fort pasle, semblable en couleur à l'argent, lequel s'il est fondu auec l'antimoine, recouure sa premiere couleur sans aucune perte considerable de son poids. Le moyen de fondre dans vn creuset l'or restant, sera monstré plus ponctuellement en la quatriesme Partie. Ie sçay beaucoup d'autres beaux procedez pour extraire aisement la couleur de l'or, mais d'autant qu'il faut que l'or soit premierement preparé pour cela en le fondant au creuset, il ne seroit pas à propos de parler de cette operation dans cette seconde Partie. C'est pourquoy cela sera reserué pour la quatriesme Partie, là où tu seras instruit au long, non seulement comment il faut preparer l'or, l'antimoine & autres mineraux, & les rendre propres à estre extraits, mais aussi comment il les faut reduire en vn verre soluble, & transparant comme vn ruby à l'espreuue du feu, ce qui n'est pas vne des moindres medecines: tu peux proceder de mesme auec les autres metaux & mineraux pour en extraire leurs couleurs, cóme il a esté dit de l'or. C'est pourquoy il n'est pas necessaire de descrire la teinture de chaque metal en particulier, car tous les procedez ensemble seront descrits en vn, sçauoir en celuy de l'or, autrement le Liure seroit trop grand si ie voulois descrire chaque procedé separement, ce que ie croy estre inutile. Que cecy suffise pour cette seconde Partie, où il a esté traité du moyen d'extraire la couleur de l'or par vne façon commune, qui est à la verité vne bonne medecine, mais inutile pour la Chymie, selon ce que i'en puis connoistre. Celuy qui desire auoir vne veritable teinture d'or, doit chercher premierement le moyen de destruire l'or par le mercure vniuersel, tournant le dedans en dehors, & le dehors en dedans, & proceder apres selon l'Art. Alors l'ame de l'or se ioindra facilement auec l'esprit de vin, & deuiendra vne bonne medecine, dequoy il est plus amplement traité en mon or potable. Celuy qui possede le chalibs de Sendiuogius, peut promptement & auec peu de peine auoir vne bonne medecine : mais parce que nous sommes tousiours des enfans ingrats enuers Dieu, ce n'est pas merueille s'il retire sa main de dessus nous, & s'il nous laisse dans l'erreur.

Ce qui peut estre fait de plus par la liqueur des cailloux.

BEaucoup d'autres choses profitables peuuent estre faites par l'huile de sable, aussi bien dans l'Alchymie que dans la medecine :

comme par exemple, de belles couleurs pour les Peintres peuuent estre faites des metaux, comme aussi du cristal, toute sorte de pierres transparantes, lesquelles sont semblables en beauté aux naturelles, & quelquefois plus belles : comme aussi de belles amauses & autres choses profitables : mais cela n'appartient pas à cette seconde Partie, estant reserué pour la quatriesme, où il sera traité exactement de toutes ces choses auec les circonstances requises.

Le moyen de faire croistre vn arbre des metaux par le moyen de cette liqueur.

QVoy que ce procedé ne soit pas de grand vsage en la medecine, neantmoins il donne vne bonne connoissance au Medecin Chimique des choses naturelles, & de leur changement, ce que i'ay iugé estre à propos de descrire icy.

Prends de la susdite huile faite de cristal, sable, ou cailloux, autant qu'il te plaira, mesle y vne petite quantité de lessiue de tartre, remuë les bien ensemble, de sorte que la liqueur ne se puisse apperceuoir dans la lessiue, mais qu'ils soient bien incorporez, les deux s'estant changez en vne solution claire, pour lors ton eau sera preparee, pour faire croistre les metaux, qui doiuent premierement estre dissonts dans leur propre menstruë, lequel soit apres entierement extrait, mais non trop fort, de sorte que la chaux du metal ne rougisse, autrement la vertu de croistre leur seroit ostée, alors tire les hors du petit verre, & les romps en pieces de la grosseur du poulce, & les mets dãs la liqueur susdite dans vn verre clair & net, afin qu'on puisse bien discerner au trauers comme le metal croist, & incontinent que les metaux preparez seront ostez hors du verre, il les faut preseruer de l'air, autrement ils perdent leur vertu vegetatiue; c'est pourquoy estant secs ils les faut couper par pieces, & les mettre au fond du verre, où la liqueur est vn doigt d'espace entre l'vn & l'autre, & non tous ensemble: il faut que le verre demeure tousiours en vne place, & le metal s'enflera incontinent, & iettera des rameaux si agreablement que cela sera digne d'admiration. Ne pense pas que cecy serue seulement pour la recreation de la veuë, il y a beaucoup de choses cachées au dedans, car tout sable ou cailloux, quoy qu'ils soient blancs, cachent vne teinture inuisible ou souphre d'or, ce que personne ne croira sans experience, car si tu digeres de la limaille de plomb, il s'y attachera de l'or aux costez (lequel or doit estre laué en eau) & le plomb paroistra comme s'il estoit doré. Cet or ne prouient que du sable ou cailloux, quoy qu'ils fussent blancs & clairs, il monstre encore mieux sa vertu melioratiue, lors que les metaux croissent dedans, & qu'ils y sont digerez par vn certain espace de temps. Cela peut estre veu apparemment, que les metaux dans leur vegetation, s'augmentent dans cette liqueur, & font extraction de ce qui leur est necessaire: quand on n'en mettroit que la grosseur d'vn pois pour vegeter, il deuiendra deux ou trois fois plus grand, ce qui merite d'estre consideré. Aussi le sable & cailloux sont la matrice naturelle des metaux, & l'on voit vne grande sympathie entre eux, principalement auec les imparfaits ou immeurs, comme si la nature vouloit dire à ses metaux imparfaits & immeurs, retourne dans le ventre de ta mere, & demeure là vn temps conuenable & requis, ou tant que tu sois meur, car tu as esté tiré de là trop tost contre ma volonté. De plus on peut faire auec cette liqueur vn tres bon borax pour reduire & incorporer les metaux. On peut aussi faire par cette liqueur de tres belles & fermes couleurs sur les vaisseaux de terre semblables à la porcelaine de la Chine, comme en la faisant boüillir auec eau, il se precipite vne terre blanche comme neige, tendre, & impalpable, auec laquelle on peut faire des vaisseaux semblables à la porcelaine.

Beaucoup d'autres bonnes choses peuuent estre faites pour l'vsage des choses mechaniques, qu'il n'est pas necessaire de descrire icy.

Les mineraux immeurs volatils peuuent estre aussi fixez & meuris par ce moyen, non seulement pour les rendre propres à l'vsage de la medecine, mais aussi pour tirer l'or & l'argent volatils qu'ils peuuent contenir, dequoy il sera parlé dauantage en la quatriesme Partie.

C'est icy que se rapporte le procedé de l'esprit de plomb, lait virginal, & sang de dragon.

De l'esprit d'vrine, & de l'esprit volatil du sel armoniac.

DE l'vrine & sel armoniac, on peut faire vn esprit tres puissant & penetrant en diuerses façons, lequel n'est pas seulement bon pour l'vsage de la medecine en plusieurs maladies, mais il se trouue aussi fort bon pour les operations mechaniques, comme s'ensuit.

Prends de l'vrine d'vn homme sain qui viue chastement, assemblee en vne bonne quantité dans vn vaisseau de bois, laisse la en putrefaction, & en distille vn esprit, lequel tu rectifieras apres sur du tartre calciné dans vne grande retorte de verre fort large de col, separant & gardant à part celuy qui sort le premier, faisant comme cela la seconde & troisiesme fois, le plus fort & plus puissant peut seruir pour preparer les medecines metalliques, & le foible pour la medecine tout seul, ou meslé auec des vehicules propres: le sel qui est sorty auec l'esprit le plus fort en la rectification, peut estre mis auec l'esprit foible, pour le rendre plus fort, ou bien estre gardé tout seul dans vn verre net.

Mais d'autant que l'esprit d'vrine est difficile à faire, ie veux monstrer à le faire plus facilement auec le sel armoniac, la preparation se fait ainsi.

Prends du sel armoniac, & pierre calamine ana, mets les separement en poudre & les mesle ensemble, & les iette dans ton vaisseau tout rouge, ℥ß. ou ℥j. à la fois & non plus, ayant appliqué au vaisseau vn grand recipient : car cét esprit va auec tant de force & de violence, qu'il est impossible de le distiller dans vne retorte sans danger & sans perte, i'ay rompu plus d'vn recipient auant que i'eusse inuenté cét instrument. Les esprits estants bien rassis dans le recipient, iette dedans dauantage de ton meslange, continuë comme cela tant que toute ta matiere soit distillée, alors oste le recipient, & mets l'esprit dans vn fort verre, lequel soit bien bouché en haut : non auec de la cire & de la vessie, d'autant qu'il amolit la cire, & penetre la vessie : mais bouche le premierement auec du papier, puis fonds de la lacque ou souphre & le mets dessus, de sorte qu'il soit bien bouché, & pour lors il ne se pourra exhaler, ou bien pren vn verre fait, comme il sera monstré en la cinquiesme Partie, afin d'y garder les esprits subtils pour plus d'asseurance, & si on n'a point mis d'eau dans le recipient, cet esprit n'a pas besoin d'estre rectifié, mais celuy qui le voudra auoir plus fort le pëut rectifier par la retorte de verre, & le garder pour l'vsage.

C'est icy la meilleure voye pour faire vn esprit du sel armoniac fort & puissant : on peut aussi faire le mesme auec du zein limé, au lieu de la pierre calamine : comme aussi auec le sel de tartre, sel fait auec les lies de cendres de bois, chaux viue, & semblables: mais l'esprit n'approche pas de la force de l'autre (quoy qu'il puisse estre fait auec toutes ces choses qui sont faites auec le precedent) comme celuy qui est fait auec la pierre calamine ou le zein.

La façon de le faire est celle-cy.

PRens ℔ r. de sel armoniac en fine poudre, & autant de sel de tartre, mesle les deux ensemble par le moyen de la lie faite de tartre, ou seulement auec eau commune, de sorte que le tout vienne comme vne paste, ou boüillie, & en iette vne cueilleree à la fois dans le vaisseau distillatoire, puis en iette dauantage tant que tu ayes assez d'esprit.

Le sel de tartre peut aussi estre meslé sec auec le sel armoniac sans aucune lie ny eau, & distiller comme cela: mais il n'est pas si bon, comme lors qu'il est meslé & temperé auec de la lie ou de l'eau, car s'il est ietté dedans à sec, l'esprit sortira en forme d'vn sel volatil: mais si le meslange a esté humectè, alors la plus grande partie sortira semblable à vn esprit brûlant: de mesme le messange de la chaux viue & sel armoniac doit estre temperé par l'humidité, & donneras plus d'esprit que s'ils auoient esté distillez à sel.

On peut demander pourquoy la pierre calamine, le zein, la chaux viue, le tartre calciné, le sel de cendre de bois, le nitre fixe & semblables choses preparées par le feu, doiuent estre meslees auec le sel armoniac? pourquoy ne seroit-il pas aussi bon d'y mettre du bol ou autre terre (comme on fait communement auec les autres sels) & comme cela en distiller vn esprit? A quoy ie responds, qu'il y a deux sortes de sels dans le sel armoniac, sçauoir vn sel acide commun, & vn sel volatil d'vrine, lesquels ne peuuent estre separez si on ne mortifie l'vn des deux: car incontinent qu'ils sentent la chaleur, le sel volatil de l'vrine emmeine le sel acide auec luy, & se subliment tous deux ensemble, de la mesme nature & essence que le sel commun lequel n'est pas sublimé. Le sel armoniac est plus pur que le commun, & il n'en sortira point d'esprit s'il est meslé auec du bol, brique, sable, ou autre terre astringente, & comme cela distillé; mais le sel entier comme il est en luy-mesme, laissant sa substance terrestre. Il n'en est pas de mesme de la pierre calamine, laquelle est aussi semblable à vne terre, de sorte qu'estant meslee auec le sel armoniac, elle fait la separation des sels dans la distillation de l'esprit, comme fait le zein, à cause qu'ils ont vne grande affinité auec tous les esprits acides, s'aymant mutuellement (dequoy a esté fait mention en la premiere Partie) de sorte que les sels acides s'attachent à luy en la chaleur & s'vnissent ensemble, & le sel volatil est deliuré, & distillé en vn esprit subtil; ce qui n'auroit pas esté fait, si le sel acide n'auoit esté retenu par la pierre calamine ou le zein. Or qu'vn esprit puisse estre distillé par l'addition des sels fixes, la raison en est à cause que les sels fixes sont contraires aux sels acides, lesquels les mortifient, & leur ostét leur force, par où les choses qui y sont meslees sont deliurees: le mesme arriue aussi au sel armoniac, car par l'addition des sels fixes vegetaux l'esprit acide du sel armoniac est mortifié. Le sel de l'vrine, qui estoit premierement lié auec luy, recouure sa premiere franchise & vertu, & se sublimant se change en esprit: ce qui ne sçauroit auoir esté fait, si le sel commun auoit esté meslé auec le sel armoniac, au lieu de sel de tartre : car le sel d'vrine est parce moyen mortifié comme estant vn plus grand ennemy, de sorte qu'il ne sçauroit donner vn esprit. I'ay creu estre necessaire d'en donner la connoissance aux ignorans, non à ceux qui le sçauent, afin qu'ils ayent plus de lumiere par d'autres trauaux : car i'ay souuentesfois veu, & voy tousiours par experience, que la pluspart des Chimistes vulgaires, ayant sçeu par lecture ou par oüy dire ne sont capables de donner aucune raison solide, pour dire comme quoy cecy ou cela se fait d'vne telle ou d'vne autre façon, ne trauaillant point pour trouuer la nature & qualité des sels, mineraux & autres materiaux, se contentant seulement des receptes, disant vn tel ou vn tel Autheur a escrit telle chose, & partant il faut que cela soit ainsi. Le plus souuent tels Liures sont tirez de diuers Autheurs, & ceux qui s'y attachent tombent d'vn labyrinte en vn autre, perdant miserablement leur temps & leurs soins : mais s'ils consideroient serieusement la nature des choses, ils acqueroẽit plustost la connoissance de la verité : I'espere que celuy qui a esté en erreur me sçaura bon gré, & ne grondera pas que i'instruise l'ignorant.

Ce qui reste apres la distillation, est aussi bon pour l'vsage, si l'addition a esté auec le sel de tartre : c'est vne bonne poudre pour faire fondre & reduire les metaux. La pierre calamine & le zein, donnent par deffaillance vne huile acre, blanche, & pesante : car la partie acre du sel armoniac, qui ne s'est point changee en esprit a dissout la pierre calamine, & a presque les mesmes vertus pour l'vsage externe de la Chirurgie, que celle dont a esté parlé en la premiere Partie, laquelle est faite auec la pierre calamine & l'esprit de sel, excepté seulement que celle-cy ne donne pas vn si fort esprit en la distillation comme l'autre, mais seulement vn sublimé acre.

La vertu & vsage de l'esprit de sel armoniac.

CEt esprit est vne essence acide & penetrante, & d'vne nature chaude, airee & humide ; c'est pourquoy il peut estre mis en vsage heureusement en beaucoup de maladies depuis 8. 10. 12. gouttes dans des propres vehicules, penetre tout incontinent au trauers de tout le corps, causant vne prompte sueur, ouurant les obstructions de la rate, dispersant & destruisant beaucoup de malignitez par les sueurs & vrines, il guerit la fieure quarte, la colique, la suffocation de matrice, & beaucoup d'autres maladies.

Enfin cet esprit est vne douce, asseuree & prompte medecine pour chasser & destruire les grosses & veneneuses humeurs. Il opere aussi exterieurement, esteignant toutes inflamations, guerit l'erisipele, & la gangrene, allege les douleurs de la goutte, si on trempe dedans des linges pour les appliquer dessus : & quoy qu'il fasse des pustules, il n'importe pas; appliqué sur le poux, il est bon aux fieures ardentes, allege les enfleures & douleurs, dissipe le sang congelé, est bon pour les foulures, & pour les nerfs : son odeur guerit la migraine & autres maladies croniques de la teste: car il dissout l'humeur peccãte & l'euacuë par les narines, remet l'oüye perduë, estant appliqué exterieurement auec vn petit instrument fait pour cela, est propre aussi aux obstructions des fleurs des femmes estant appliqué auec vn instrument par vne voye spirituelle, ouure & nettoye incontinent la matrice & rend les femmes propres à conceuoir &c. meslé auec de l'eau commune, & tenu dans la bouche allege la douleur des dents, laquelle procede d'vne humeur acre. Vn peu d'iceluy mis dans vn clistere, tuë les vers dedans le corps, & appaise la colique.

On se peut seruir de cet esprit pour l'vsage de beaucoup d'autres choses, principalement on en peut preparer beaucoup de precieux medicaments auec les metaux & mineraux, desquels

quels nous descrirons quelques-vns aux chapitres suiuans.

Il faut obseruer qu'il y a vne autre matiere, laquelle se trouue par tout & en tout temps, que tout le monde peut auoir sans frais, ny distillation, qui est aussi bonne pour les susdites maladies que l'esprit distillé, si tous les hommes la connoissoient, il ne se trouueroit pas par tout tant de maladies, ny tant de Medecins & d'Apoticaires.

Pour distiller vne huile de vitriol rouge comme du sang par le moyen de l'esprit d'vrine.

DIssous le vitriol d'Hongrie, ou autre bon vitriol, en eau commune, & le filtres par le papier, verse dessus dudit esprit, tant que toute la verdeur en soit ostee, & que l'eau demeure claire, & tu auras en bas vn souphre iaune: alors verse l'eau claire, & le reste qui est espais; mets les ensemble dans le filtre, afin que toute l'humidité passe au trauers, & que la terre du vitriol demeure dans le filtre de papier, lequel tu seicheras, & en distilleras vne huille rouge comme sang, laquelle ouure les obstructions de tout le corps, & guerit parfaitement l'epilepsie. L'eau claire doit estre euaporee à siccité & restera vn sel, lequel estant distillé dőne vn puissant esprit. Auant qu'il soit distillé, c'est vn purgatif specifique pris depuis

8. 10. 12. iusqu'à 24. grains, & peut seurement seruir pour toutes maladies.

La teinture des vegetaux.

LEs espices, semences, ou fleurs, estant extraites auec ledit esprit digerées, & distillees, l'essence en sortira en forme d'vne huile rouge.

Vitriol de cuiure.

SI tu en verses sur la chaux de cuiure, faite en la rougissant & esteignant derechef, il extraira dans vne heure de temps vne belle couleur bleuë, & en ayant dissout là dedans autant qu'il faut, verse-la, & la laisse reduire en cristaux en vn lieu froid, & tu auras vn tres beau vitriol, duquel vne petite quantité prouoque de violents vomissements, le reste du vitriol demeure en vne huile bleuë, bonne pour la guerison des vlceres.

La teinture du tartre crud.

PRends du tartre crud, & verse dessus de cét esprit, & le mets en digestion, l'esprit en extraira vne teinture rouge comme sang, & si l'esprit en est extrait, il restera vne huile rouge & agreable, qui n'a pas peu de pouuoir & de vertu.

Pour faire l'huile ou liqueur des sels.

CEt esprit dissout aussi les cristaux & autres pierres, s'ils sont premierement dissous, precipitez & reduits en poudre impalpable, il les reduit en huiles & liqueurs, bonnes pour l'Alchimie & medecine.

Pour precipiter tous les metaux auec le susdit esprit.

QVel metal que ce soit, estant dissout par vn esprit acide, peut estre mieux precipité & plus purement, qu'auec la liqueur de sel de tartre; car l'or fulminant qui est precipité par son moyen, fulmine auec plus de force que celuy qui est fait par l'huile de tartre.

Vn peu de ius de citron auec la solution de l'or auant qu'il ait esté precipité, fait que tout l'or ne se precipitera pas, mais il en restera quelque peu dans la solution, & auec le temps se formeront de petites pierres vertes semblables au vitriol commun, lesquelles données en petite dose purgeront toutes les mauuaises humeurs.

L'huile & vitriol d'argent.

DIssouts de l'argent en eau forte, & verse dessus autant de cét esprit iusqu'a ce qu'il cesse de boüillir, vne partie de l'argent se precipitera en forme d'vne poudre noire, le reste de l'argent demeure dans la liqueur : le flegme en estant extrait au bain, iusqu'à la pellicule, & apres mis en lieu froid, il s'y formera des cristaux blancs, lesquels estant tirez hors & seichez, sont vn bon purgatif contre la folie, hydropisie, fieures & autres maladies, on s'en peut seruir sans aucun danger tant aux ieunes qu'aux vieux. Le reste de la liqueur qui ne s'est point cristalisee peut estre extraite auec esprit de vin, les feces estant iettees, l'extraction en sera agreable, l'esprit de vin en estant extrait, il restera vne medecine, laquelle n'est pas de peu de valeur en toutes les maladies du cerueau.

Pour extraire vne teinture rouge de l'antimoine ou du souphre commun.

FAis boüillir le souphre ou l'antimoine en poudre, dans de la lie de sel de tartre, tant que la lie deuienne rouge, & verse de cet esprit dessus, & le distille doucement au bain, & il en sortira vne belle teinture auec l'esprit volatil, l'argent qui en est oint sera doré, mais non fixement, il sert pour toutes les maladies.

Le moyen de meurir l'antimoine & souphre commun, de sorte qu'ils donnent vne odeur pareille à celle des vegetaux.

DIssouts l'antimoine ou le souphre dans la liqueur des cailloux ou sable, coagule la solution en vne masse rouge : verse de l'esprit d'vrine sur cette masse, & le laisse extraire à chaleur douce. L'esprit estant teint en rouge verse le hors, & en remets d'autre dessus, & laisse aussi extraire, reïtere cela tant que l'esprit ne se teigne plus, alors mesle tous les extraicts ensemble, & en extraits l'esprit d'vrine au bain par l'alambic, & il restera vne liqueur rouge comme sang, & si tu verses dessus de l'esprit de vin, il extraira vne teinture plus belle que n'estoit la precedente, laissant les feces en arriere, cette teinture sent comme l'ail : & si elle est digeree trois ou quatre semaines à chaleur lente, elle acquerra vne odeur agreable, semblable à celle des prunes iaunes ou passes: & si elle demeure plus long-temps en digestion elle acquerra vne odeur qui n'est pas inferieure au musc & ambre ; cette teinture n'est pas seulement puissamment augmentee par le feu en odeur & goust plaisant & agreable: mais aussi en vertu : vne si grande varieté de douces & agreables senteurs ne procedent seulement que de l'esprit d'vrine qui les meurit, car il y a vn feu caché en luy, lequel ne destruit point, mais preserue & graduë toutes les couleurs, dequoy nous parlerons plus amplement en vn autre lieu.

Entre l'esprit d'vrine & venus, tant animale que minerale, il y a vne grande sympathie, car il n'ayme pas seulement le cuiure pardessus tous les autres metaux, se meslant aisement auec luy, & le rendant extraordinairement beau & bon pour l'vsage de la medecine, mais il le prepare aussi pour vne telle medecine qu'il guerit toutes les affections veneneuses, soit exterieurement ou interieurement, sans se seruir d'aucuns autres medicaments. Il rend les femmes steriles, & fecondes selon qu'il est administré, il nettoye la matrice, empesche la suffocation, & prouoque miraculeusement les fleurs aux femmes pardessus tous les autres medicaments.

Si cet esprit est meslé auec l'esprit volatil du vitriol, ou du sel commun, il en sortira vn sel qui n'est inferieur à aucun autre pour la fusibilité, & tres bon pour l'vsage de l'Alchimie & de la Medecine.

La liqueur de sel de tartre, & l'esprit de vin ne se mesle point sans eau, estant le medium procedant des deux natures, & si tu y ioints de l'esprit d'vrine, ils ne se mesleront pas, mais chacun gardera sa place: tellement que ces trois sortes de liqueurs estant mises dans vn mesme verre, de qu'elle façon qu'on les sçache remuer, elles ne s'incorporeront pas pour tout cela : la liqueur de ſel de tartre gardant le bas, l'eſprit d'vrine deſſus, & pardeſſus tout l'eſprit de vin : & ſi tu y mets vne huille diſtillée, elle ira par deſſus tout, de maniere que tu garderas quatre ſortes de liqueurs dans vn verre, ſans qu'elles ſe meslent l'vne auec l'autre.

Quoy que cecy ne ſoit pas de grand profit, neantmoins il ſert pour apprendre la difference des eſprits.

De l'eſprit & huile de la corne de cerf.

PRends de la corne de cerf, coupe-la en pieces de la groſſeur d'vn doigt, & en iette dedans vne à la fois dans le ſuſdit vaiſſeau diſtillatoire, & lors que les eſprits ſont aſſis, iette en vne autre, continuant tant que tu ayes aſſez d'eſprits & d'huile. Que ſi le vaiſſeau s'emplit il faut en retirer les morceaux calcinez auec des mollets, puis continuer comme auparauant tant qu'on en ait aſſez. Apres la diſtillation acheuee, oſte le recipient & verſe dedans de l'eſprit de vin deflegmé qui prendra à ſoy le ſel volatil, en ſorte qu'on pourra tout verſer enſemble dans vn entonnoir de papier à filtrer qu'il faut auoir moüillé auparauant, & ainſi l'eſprit de vin & celuy de corne de cerf auec le ſel volatil ſe filtreront à trauers le papier, & l'huile rouge noire demeurera dans le papier la derniere, mais il faut prendre garde de l'oſter bien viſte, autrement elle paſſeroit aussi à la fin, & ainsi ce seroit à recommencer. Il faut rectifier le sel volatil dans vne retorte: le meilleur esprit & le sel volatil montent également ensemble auec l'esprit de vin: & quand on apperçoit que le flegme commence à venir, il faut oster le recipient où est l'esprit, afin que le flegme qui est inutil & puant ne se meslé point auec, & faut bien conseruer cét esprit, car il est tres volatil. On peut rectifier l'huile dans vne retorte de verre auec addition de sel de tartre, elle deuient claire. Si on la veut auoir plus belle, il la faut rectifier auec l'esprit de sel: mais celle qui est rectifiée auec le sel de tartre a plus d'efficace que l'autre, elle guerit la fieure quarte, prouoque fortement la sueur, guerit toutes playes interieures & les douleurs, qui prouiennent de cheute ou battute, ou de quelque autre accident semblable: en donnant d'icelle depuis 6. 8. 10. iusqu'à 20. gouttes dans du vin, puis mettant au lit & faisant couurir le malade pour suer. L'esprit est tres bon pour ouurir les obstructions de tout le corps, donné depuis ℈ß. iusqu'à ℥. j. dans quelque menstruë conuenable, il prouoque l'vrine, & les purgations lunaires retenuës auec tres heureux succez, rectifie & nettoye le sang, & fait suer copieusement, c'est pourquoy il est tres propre en la peste, la verolle, la lepre, scorbut, melancolie, hypocondriaque & dans les fieures malignes, qui sont maladies où la sueur est necessaire.

Pour faire vn remede precieux auec l'esprit de cheueux humains.

ON peut aussi de cette mesme façon tirer l'esprit & l'huile de toutes les cornes, des poils des animaux & de toutes autres choses semblables, mais nous n'en parlerons pas dauantage, parce qu'on haït leur vsage en medecine, à cause de leur odeur desagreable, quoy qu'ils fassent pourtant des effects emerueillables dans des maladies importantes & difficiles, comme en la suffocation de matrice, & en l'epilepsie. Neantmoins il faut remarquer que celuy qui est fait des cheueux humains, n'est pas à rejetter dans la metallique, car il dissout le souphre commun & le reduit en lait, qui puis apres peut estre cuit, digeré & meury en sang, ce que pas vn autre esprit ne peut faire également à cettuy là. Combien qu'on le puisse figer, ainsi de soy mesme en rubis, sans addition, mais celuy qui est fait auec le souphre est encore meilleur, & lors qu'il est venu si auant que de luy faire perdre sa mauuaise odeur par le moyen du feu, & qu'il est deuenu fixe, alors il peut plus que suffisamment payer la peine & le charbon qu'on a employé pour le mettre en cet estat.

On doit rapporter & mettre icy le procedé de distiller la solution des metaux iettee sur la rapure de corne de cerf.

Huile de succin.

LE succin, ambre, ou carabe donne vne huile tres efficace & tres agreable, principalement le blanc : le iaune n'est pas si bon, & le noir encore moindre : c'est pourquoy on s'en sert fort peu interieurement à cause de son impureté, il monte aussi en la distillation auec l'huile & vne eau acide, & vn sel volatil; pour l'eau elle a peu de vertu, à ce que i'ay peu connoistre. Mais le sel est vn bon diuretique en la grauelle & pour la goutte, apres l'auoir rectifié auec le sel de tartre il est bon pris interieurement. L'huile rectifiée est tres salutaire, & peut estre dite vne medecine precieuse, principalement la premiere qui monte en la rectification, car elle fait des miracles, si on en donne depuis 6. 8. 10. iusqu'a 20. gouttes dans des vehicules propres, en la peste, epilepsie, suffocation de matrice & contre la migraine, elle fait aussi merueilles pour ces maladies & autres incommoditez appliquée exterieurement, sçauoir la sentant seulement, ou s'en frottant les narines, ou les autres parties affectées : Et faut obseruer que quand elle a esté rectifiee auec l'esprit de sel, elle est beaucoup plus belle & plus claire que si elle auoit esté rectifiée sans addition : mais quand on la rectifie sur du sel de tartre, elle a plus d'efficace & de vertu que si on la rectifie auec l'esprit de sel, quoy qu'elle ne soit pas si belle & si claire.

Que si on rectifie encore vne fois celle qui

aura eſté rectifiee ſur de l'eſprit de ſel, auec de l'eau royalle tres forte, elle deuient ſi ſubtile qu'elle diſſout meſme, Mars, & Venus, & que ces metaux peuuent par ce moyen eſtre reduits en de tres bons medicaments : nottez auſſi qu'en cette ſeconde rectification toute l'huile ne monte pas, mais qu'vne partie d'icelle ſe fixe par la force corroſiue de l'eau, & deuient eſpaiſſe, pareille à de beau maſtic, qui s'amollit à la chaleur comme la cire, & peut eſtre maniee auec les doigts : mais au froid elle eſt ſi dure qu'on la peut rompre & mettre en poudre, cette maſſe eſt belle & luiſante, & iaune comme l'or.

Huile de Suye.

ON peut tirer de la ſuye qui s'attache aux cheminees où l'on ne bruſle que du bois, vn ſel volatil acre, & vne huile chaude, le ſel n'eſt pas diſſemblable en vertus & proprietez à celuy qui ſe tire du ſuccin & de la corne de cerf, il appaiſe & eſteint la bruſlure puiſſamment, de quelque nature que la bruſlure puiſſe eſtre : on ſe peut ſeruir de l'huile ainſi qu'elle eſt ſans eſtre rectifiee, exterieurement, en toute ſorte de vilaine galle & dertres, comme auſſi en la mauuaiſe tigne de la teſte, car cette huile là guerit radicalement mieux que tout autre remede. Mais ſi elle eſt rectifiee comme il a eſté dit de l'huile de ſuccin, de tartre & de corne de cerf, on s'en peut ſeruir ſeurement dans le corps en toutes les maladies auſquelles nous auons dit que les huiles cy-dessus estoient propres, car elle est non seulement aussi bonne que les precedentes, mais elle est aussi plus efficace en quelques accidents.

Comment on pourra faire vne bonne huile de suye sans distillation.

IL faut faire boüillir la suye dans de l'eau commune iusqu'a ce que l'eau soit deuenuë rouge comme sang (l'vrine vaut mieux que l'eau) puis mets cette solution dans vn grand pot de terre, & l'expose durant l'hyuer à la plus forte gelee, si long temps que le tout soit congelé, en vn seul morceau tout blanc ; apres quoy il faut casser le pot & la glace, & tu trouueras au milieu d'icelle l'huille de suye, belle, coulante & rouge comme sang, qui ne cede point en vertu à celle qui est distillee, neantmoins on la peut aussi rectifier, & l'exalter en vertu par ce moyen : & faut obseruer que cette separation ne se fait, & ne se peut faire que pendant vne tres forte gelée, autrement cela ne peut arriuer de la sorte.

Esprit & huile de miel.

ON peut tirer du miel vn esprit subtil & vn vinaigre, à sçauoir en meslant auec le miel deux fois autant pesant de sable bien net & rougy au feu, puis les distiller : mais il est encore meilleur de mesler des fleurs d'antimoine, comme nous auons monstré à les faire en la premiere Partie, par ce que l'esprit en est augmenté en vertu, & que les fleurs empeschent que le miel ne monte, & ne fuye, estant distillé de cette façon, il en sort vn esprit agreable, & vn vinaigre acre, auec vn peu d'huile rouge, qu'il faut separer les vns des autres. Quand l'esprit a esté rectifié, il est profitable à toutes les maladies du poulmon, il nettoye la poitrine & la dégage, fortifie le cœur, oste toutes les obstructions du foye & de la ratte, dissout & chasse le calcul, resiste à la pourriture du sang, preserue de la peste & la guerit, comme aussi toutes les fieures, l'hydropisie, & beaucoup d'autres maladies, s'en seruant tous les iours depuis ℈. j. iusqu'à ʒ. j. meslé dans des eaux des plantes propres aux maladies susdites, il ne manquera pas d'y faire des merueilles : Le vinaigre acre, colore les cheueux & les ongles de couleur iaune doré, chasse & oste la demangeaison & la gratelle de la peau, il guerit aussi les playes vieilles & recentes les en lauant, & les estuuant auec. L'huile rouge est trop forte pour s'en seruir ainsi toute seule, c'est pourquoy il la faut mesler auec l'esprit qui est monté le premier, & ainsi s'en seruir, elle augmente les vertus de l'esprit.

Huile & esprit de sucre.

IL se tire du sucre vn esprit & vne huile, comme il a esté dit du miel, à sçauoir le meslant seulement auec du sable bien net, ou bien (ce qui est encore meilleur) auec les fleurs d'antimoine & en mettant toûjours vne cueillerée à la fois dans le vaisseau, selon l'Art, il en sort vn esprit iaune, & vn peu d'huile rouge, qu'il faut digerer au bain ensemble, iusqu'à ce que l'huile se soit iointe à l'esprit, & qu'il en soit deuenu tout rouge, il n'est pas besoin de le rectifier, mais peut estre donné, comme il est, dans des menstruës conuenables, il est égal en vertu à celuy qui a esté tiré du miel, encore est-il plus agreable que l'autre, il restaure & renouuelle le sang en l'homme, car il a tiré beaucoup de vertu des fleurs diaphoretiques de l'antimoine. On se peut seruir tres vtilement de cét esprit en toutes les maladies sans aucune apprehension, il ne peut faire aucun mal, ny dans les maladies chaudes ny dans les froides : car il est tres amy de la nature, & produit des effets qu'on ne se seroit pas aduisé de chercher en luy, & qui sont presque incroyables. Ceux qui s'en seruiront tous les iours, & quelque temps durant depuis ℈. j. iusqu'à ʒ. j. esprouueront si ie luy donne ces loüanges à faux ou à iuste tiltre. On peut se seruir de ce qui reste dans le vaisseau, pour mesler auec de l'autre miel, ou de l'autre sucre, car il est tout noir, ou bien le garder ainsi, sinon le ietter dans le Fourneau du premier Liure, & le resublimer en fleurs, ou bien le mettre dans vn creuset au fourneau du quatriesme Liure auec du mars & du tartre, & en tirer le regule, afin qu'il n'y ait rien de perdu.

Pour tirer vn esprit efficace du corail & du sucre, & vne teinture rouge comme sang.

QVand on distille le corail rouge en poudre auec le sucre meslez ensemble, il monte auec l'esprit vne teinture rouge comme sang en forme d'vne huile pesante, qu'il faut ioindre auec l'esprit par la digestion, elle est aussi efficace que celle qui a esté faite auec addition de fleurs diaphoretiques d'antimoine. Cette liqueur guerit l'epilepsie radicalement, tant aux ieunes qu'aux vieux sans plus reuenir, elle nettoye aussi le sang de toutes impuretez, en sorte qu'on peut guerir auec la plus effroyable des maladies, à sçauoir la lepre & toutes ses dependances, l'vsage en est pareil à celuy de l'esprit de sucre antimonialisé.

De l'esprit du moust.

IL faut premierement faire euaporer le moust ou le suc des raisins meurs, iusqu'à consistance d'vn syrop espais: puis il faut mesler ce syrop auec de la poudre de corail, du sable bien net, ou pour le mieux auec des fleurs diaphoretiques d'antimoine, il s'en tire par la distillation vn esprit qui est pareil à celuy qui se tire du sucre ou du miel, estant neantmoins vn peu plus aigre que celuy du miel, car on peut dissoudre quelques metaux auec le sucre, le miel, ou le syrop de raisins les faisant boüillir ensemble, & les reduire ainsi en plusieurs bons remedes, soit en les distillant ou ne les distillant pas, s'en seruant seulement en syrops, de la mesme façon que nous l'auons dit du tartre: car le sucre, miel, ou syrop de raisins, ne sont rien autre chose qu'vn sel doux, qui peut estre changé en tartre acide, par la fermentation, en y adioustant quelque chose d'aigre, & qui sera pareil en tout à celuy qui s'assemble dans les tonneaux. On peut aussi de mesme en tirer des cerises, poires, pommes, figues & autres fruits qui ont vn suc doux, comme aussi de toute sorte de grains, comme froment, bled, auoine, orge & autres semblables, dequoy nous traitterons plus amplement en la troisiesme Partie.

Car on peut changer en tartre acide tout suc doux des vegetaux par la fermentation, & il est tres faux (comme pensent quelques vns) que le vin seul ait en soy vn tartre, qui s'amasse dans nos membres, par l'vsage continuel de la nourriture, & qui s'y coagule en guise de pierre: car si cela estoit vray, il n'y auroit point de graueleux ny de goutteux, dans les pays froids où l'on ne boit point de vin, & où il n'y en croist point; ce que l'experience iourna-

liere

liere nous apprend estre faux ; qu'il faut que ie confesse qu'il n'y a aucun vegetable qui donne plus de tartre que la vigne, & la cause en est telle, à sçauoir qu'il faut du temps pour changer la douceur en aigreur & en tartre, & que tant plus vn vin est doux, & tant moins il donne de tartre, & plus il est aigre, plus il en donne. Vn Chymiste diligent & sçauant comprendra assez de tout ce que dessus, l'origine, la nature & la façon comment se fait le tartre, & ainsi pourra en faire chercher & preparer d'autres mixtes, lors qu'il viendra à manquer de celuy de vin, & les sçaura & pourra tirer du miel, & du sucre, ou du resine, & en pourra tirer par distillation des esprits pour la solution des metaux, qui ne sont pas à reietter, ny en la Medecine, ny en l'Alchymie.

De l'Huile d'Oliues.

ON peut tirer de toutes huiles tirées par expression vne huile fort penetrante & subtile, de laquelle on ne se peut pas seruir seulement exterieurement ; mais aussi interieurement, soit de l'huile d'oliue, de lin, de noix, de chanure. Ce qui se fait ainsi. Fais des boulettes de terre de potier, où il n'y ait point de sable meslé, de la grosseur d'vn œuf de pigeon ou de poule, puis les fais rougir au feu, mais non pas les cuire si fort qu'elles soient deuenuës pierres, & qu'elles ne puissent plus attirer l'huile, & quand elles sont aucunement esteintes, & qu'elles sont pourtant encore chaudes suffisamment, il les faut ietter dans de l'huile d'oliues (qui est la meilleure de toutes) & les y laisser si long-temps, que les boules se soient imbibees de l'huile ; & ne faut pas faire comme les autres ont de coustume, qui les y mettent toutes rouges, dont l'huile s'enflamme, & ainsi la partie la plus volatile s'en euapore. Apres quoy il faut retirer ces morceaux dehors, & en mettre vn ou deux à la fois dans le vaisseau bien rouge, puis laisser aller, & vn peu apres en remettre, & ainsi continuer tant qu'on ait assez d'huile ; que si le vaisseau s'emplit, il ne faut que le vuider auec la cueillere de fer, puis continuer comme deuant, & ne faut pas craindre que le recipient, ny la retorte, rompent en distillant de cette façon, ou que l'huile s'enflamme, ou se brusle, ou que quelque autre danger arriue, il n'y a rien de semblable à apprehender. Apres la distillation, il faut oster le recipient, puis verser l'huile distillee dans vne retorte de verre, & la rectifier sur de l'alun bruslé, ou sur du vitriol calciné, & l'alun ou vitriol calcinez, retiendront à eux la noirceur & la puanteur de l'huile distillée, & l'huile monte belle & claire ; que si on la veut auoir encore plus belle, il la faut rectifier iusqu'à vne & deux fois, & tousiours conseruer la premiere pour l'interieur : parce que l'autre est aucunement iaune, selon qu'on desire qu'elle soit penetrante. La seconde, ne peut seruir qu'exterieurement pour tirer la teinture de quelques vegetaux, comme herbes, fleurs, & semences vulneraires, pour en faire des baumes precieux, pour les playes froides & baueuses : on peut aussi dissoudre auec cette huile le succin, le mastic, l'encens, & autres semblables matieres attractiues & maturatiues, & en former vn emplastre auec la cire & la colophone, qui est vn emplastre tres-bon, contre les playes enuenimées, pour en tirer le poison dehors, & les rendre capables de guerison en peu de temps : Si on dissout du soulphre commun en poudre dans cette huile, il s'en fait vn baume rouge comme le sang, qui chasse biec-tost toute sorte de galle, & autres semblables impuretez du cuir, principalement si on y adiouste vn peu de verdegris bien épuré, & pour les affections chaudes, vn peu de sucre de Saturne qui se mesle facilement auec, par l'agitation dans le mortier, & qui s'y dissout aussi à vne chaleur lente, & n'est pas besoin que cela se fasse en des vaisseaux de verre, parce que ceux de terre vernissez suffiront.

L'usage de l'huile benite.

LA premiere huile qui est montée par la rectification, est d'vne nature & proprieté tres-penetrante; car donnant d'icelle quelques gouttes dans de l'esprit de vin, elle appaise aussi-tost la colique venteuse, comme aussi le souleuement de matrice, si on en met quelques gouttes sur le nombril : C'est vn bon remede, pour les fluxions froides tombées sur les parties nerueuses, qui les auoient engourdies & estropiées, il ne faut que prendre de cette huile, & en abbreuuer la partie malade, la frottant d'icelle auec la main chaude, elle ne manquera pas de les remettre en bon estat, & c'est la raison pour laquelle cette huile merite iustement le nom d'huile sainte, qui luy a tousiours esté donné. Que si on extrait & dissout auec cette huile les lamines de Mars, ou de Venus, elle se charge de couleur verte, ou rouge, selon le metal, & lors elle est miraculeuse pour consumer l'humidité superfluë des playes, tant pour eschauffer & guerir les vlceres froides, que pour rafraischir les chauds: car elle guerit non seulement les mauuaises tignes de la teste, & leurs dépendances, mais elle consume & dissipe aussi toutes excroissances, & autres vices de la peau, & resout toute l'humidité de quelque vlcere que ce soit. On peut aussi dissoudre l'euforbe, & autres gommes chaudes dans cette huile, & se seruir de ces solutions contre toutes les affections froides, de quelque espece qu'elles puissent estre; & ne faut pas craindre aucune maladie froide en vne partie qui en aura esté frottée, quelque mauuaise qu'elle puisse estre. On peut aussi redistiller encore par la retorte les baumes & teintures qu'on aura tirées auec cette huile, & ainsi elles seront beaucoup meilleures en plusieurs accidents, que celles qui n'auront pas esté distillées.

De l'Huile de Cire.

ON peut aussi faire l'huile de cire de la mesme façon, elle est de mesme proprieté que la precedente, & principalement pour les maux inueterez des iointures & tendons, où elle a quelque faculté plus particuliere que l'autre.

Esprit contre le calcul.

ON tire des anes, qui sont les grains contenus dans le raisin, vn esprit acide, qui est vn specifique asseuré contre la pierre des reins & de la vessie, comme aussi en toutes les douleurs de la goutte. En s'en seruant non seulement interieurement tous les iours, mais aussi en trempant des linges dedans, & les appliquant sur la partie douloureuse, il ne manque pas d'appaiser & d'oster de la douleur.

De l'esprit, ou huile acide du soulphre.

IVsques icy on a cherché le moyen de faire passer le soulphre en vn esprit acide, mais peu l'ont trouué; car la pluspart des Artistes l'ont tousiours fait auec des cloches de verre, & n'en ont gueres tiré par ce moyen, d'autant que les cloches s'eschauffent trop tost, & ainsi ne peuuent retenir l'huile qui s'euapore en forme de fumée: autres ont tenté de la faire par distillation, & d'autres par dissolution, mais ils n'ont bien reüssi ny les vns ny les autres ; ce qui fait qu'il ne s'en trouue point, ou fort peu de vraye ; car celle qui se trouue communement chez les droguistes, & dans les boutiques des Apotiquaires, n'est que l'huile de vitriol, qui neantmoins n'est pas comparable à l'autre en vertu & efficace : car son acidité n'est pas seulement plus agreable, mais elle est aussi beaucoup plus puissante en son essence ; or à cause que son vsage est fort ordinaire, tant en Medecine qu'en Alchymie, soit pour rendre le breuuage des malades plus agreable par son acidité, & ainsi estancher l'ardeur de leur soif, fortifier l'estomac, & rafraischir le poulmon & le foye, & soit aussi pour l'appliquer exterieurement, pour oster l'inflammation des bruslures, & les guerir ; & de plus aussi qu'elle sert à reduire les metaux en leurs vitriols, & les crystalliser, & que ces vitriols sont tres-vtiles, tant en Medecine qu'en Alchymie. C'est cette raison qui m'a obligé d'en mettre icy la preparation, quoy qu'elle ne se fasse pas dans le fourneau à distiller, qui est descrit en cette seconde Partie, mais seulement en brulant & allumant le soulphre, comme s'ensuit. Il faut faire vn petit fourneau auec vne grille, au dessus de laquelle il faut emmurer vn fort creuset, qu'il faut appuyer sur deux barres de fer, & faut que le creuset soit accommodé en sorte que la flamme & la fumee du feu ne communique pas à costé d'iceluy auec celle du soulphre, mais il faut que le feu prenne air par le costé du fourneau, par quelque canal approprié à cela,

& faut emplir le creuset de soulphre, & le faire bruler auec vn feu de charbon sans flamme, & le tenir tousiours en cet estat, & faut mettre au dessus du creuset vn vaisseau de bonne terre de Beauuais, fait en forme d'vn refrigere qu'il faut emplir d'eau froide par dessus la teste du vaisseau & l'entretenir tousiours froide, & faut que la flamme du soulphre donne tousiours dans la teste du vaisseau: car pendant qu'il brule, sa graisse se consume, & ainsi son sel acide est liberé & deslié du corps du soulphre, & se sublime dans le vaisseau froid, où il se resout en vne huile tres-acide, puis coule par le canal dans le recipient; quand le soulphre est consumé il y en faut remettre de l'autre, & faire que le soulphre brule continuellement dans le creuset, & que la flamme frappe tousiours dans le chapiteau contenu dans l'eau froide, & ainsi on aura en peu de iours beaucoup plus d'huile de soulphre, qu'on n'en peut faire de l'autre façon en plusieurs semaines. On peut aussi faire vne huile acide par distillation en sublimant les fleurs, sçauoir en iettant vn morceau de soulphre de la grosseur d'vn œuf de poule, l'vn apres l'autre dans le vaisseau rougy du feu, il monte auec les fleurs dans le recipient vne huile aigre, qu'il faut separer des fleurs auec de l'eau de pluye distillee, puis en retirer l'eau au sable dans vne cucurbite, au fonds de laquelle demeurera l'huile acide, qui a les mesmes vertus que l'autre, mais on n'en aura pas tant à beaucoup prés, que de l'autre façon: que si on ne cherche pas l'huile, il ne faut que la laisser auec les fleurs, qui en seront plus efficaces & plus agreables, à cause de cette petite acidité qui est en elles.

Fin de la seconde Partie.

AMY LECTEVR.

I'Aurois peu mettre encore beaucoup d'autres preparations en cette seconde Partie, mais ie crois auoir assez mis de procedez pour faire que ceux qui y trauailleront en puissent chercher sur le Patron de ceux que i'y ay mis; c'est pourquoy ie conclus cette seconde Partie. On trouuera dans les suiuantes ce qui peut appartenir à celle-cy, comme aussi les autres choses qui auront esté ou oubliées, ou laissées exprez.

www.ingramcontent.com/pod-product-compliance
Ingram Content Group UK Ltd.
Pitfield, Milton Keynes, MK11 3LW, UK
UKHW020328230726
13925UKWH00002B/692